本著作受上海工程技术大学学术著作出版专项资助

植物纤维增强复合材料
非线性力学行为研究

李永平　著

电子工业出版社·

Publishing House of Electronics Industry

北京·BEIJING

内 容 简 介

本书利用试验研究、机理分析、数学建模、数值模拟等手段开展对植物纤维增强复合材料非线性力学行为的研究，主要内容如下：

（1）从加捻纵向拉伸非线性、无捻偏轴拉伸非线性，到加捻偏轴拉伸非线性，系统地介绍了植物纤维增强复合材料的非线性力学问题。

（2）针对不同研究对象和载荷条件，分别建立基于分段函数的纵向拉伸数学模型、单参数偏轴拉伸模型、多层次角度融合偏轴拉伸模型。

（3）结合有限元仿真软件对植物纤维增强复合材料非线性力学行为进行数值模拟，并举例分析。

本书可作为普通高等学校力学、材料工程各相关专业研究生的教材或教学辅助用书，还可提供给各大研究所、企事业单位作为研究参考用书。

未经许可，不得以任何方式复制或抄袭本书之部分或全部内容。
版权所有，侵权必究。

图书在版编目（CIP）数据

植物纤维增强复合材料非线性力学行为研究/李永平著. —北京：电子工业出版社，2019.6
ISBN 978-7-121-36692-5

Ⅰ. ①植…　Ⅱ. ①李…　Ⅲ. ①纤维增强复合材料－非线性力学－研究　Ⅳ. ①TB334

中国版本图书馆 CIP 数据核字（2019）第 099626 号

策划编辑：刘小琳
责任编辑：刘小琳　　文字编辑：邓茗幻
印　　刷：北京虎彩文化传播有限公司
装　　订：北京虎彩文化传播有限公司
出版发行：电子工业出版社
　　　　　北京市海淀区万寿路 173 信箱　　邮编：100036
开　　本：720×1000　1/16　印张：7.25　　字数：121.8 千字
版　　次：2019 年 6 月第 1 版
印　　次：2024 年 1 月第 4 次印刷
定　　价：88.00 元

前言

　　植物纤维由于具有天然环保、来源广泛、较高的比强度和比刚度等特点，其增强复合材料在工业生产和生活中被广泛使用，如汽车工业、建筑建材等，成为复合材料研究领域的热点之一。

　　在研究植物纤维增强复合材料的试验过程中，发现该复合材料的力学行为在拉伸时呈现明显的非线性。造成这种非线性的主要原因是纤维加捻、偏轴拉伸及基体的粘弹性行为。在对植物纤维增强复合材料的应力—应变关系进行分析，尤其在研究纵向拉伸时发现，传统的线弹性本构模型已经无法胜任对非线性力学行为的分析了，而且如果仅在线弹性范围内使用该材料，则不能充分发挥出该材料的优异性能，用线性模型替代非线性模型以得到其近似解的处理方法不能很好地反映实际系统的力学行为。这就需要充分了解该复合材料的非线性力学行为，特别是需要从更加细观的角度去分析其内部的机理与特性，如植物纤维独特的加捻特征，同时需要为复合材料建立合适的细观非线性本构模型。

　　建立植物纤维增强复合材料的非线性本构模型，一个重要作用是辅助该复合材料的结构优化设计。例如，在结构设计阶段将本构模型与商业有限元软件结合，可以更加准确地计算结构在不同受载条件下的应力状态并预测其承载能力，有助于结构的优化设计，同时省去或减少大量的试件制备和测试过程，从而降低该复合材料的研发成本。

　　文献检索发现，国内外学者的研究都未结合植物纤维的加捻等特征来针对植物纤维增强复合材料应力—应变关系或者本构模型展开研究（多在研究强度），这为本书的研究提供了突破口，即本书旨在研究植物纤维加捻、初始偏轴拉伸对植物纤维复合材料非线性力学行为的影响，研究其在小应变情况下（通常小于 2%）的非线性应力—应变关系或本构模型，这是本书的出发点和创新基础。

本书利用试验研究、机理分析、数学建模、数值模拟等手段开展对植物纤维增强复合材料非线性力学行为的研究，主要内容如下：

（1）从加捻纵向拉伸非线性、无捻偏轴拉伸非线性，到加捻偏轴拉伸非线性，系统地介绍了植物纤维增强复合材料的非线性力学问题。

（2）针对不同研究对象和载荷条件，分别建立基于分段函数的纵向拉伸数学模型、单参数偏轴拉伸模型、多层次角度融合偏轴拉伸模型。

（3）结合有限元仿真软件对植物纤维增强复合材料非线性力学行为进行数值模拟，并举例分析。

本书通过上述研究，得到以下主要结论：

（1）本书通过系统化的研究，认为植物纤维增强热固性树脂复合材料的非线性力学行为主要是由植物纤维的加捻、偏轴拉伸引起的，内在的物理机理主要表现为纤维与基体脱粘、基体开裂、表面捻转角变化、纤维断裂等。

（2）在对加捻植物纤维增强热固性树脂复合材料的纵向拉伸力学行为研究中，采用的分段函数模型是一种唯象的理论模型，其重要意义在于用表面捻转角这个变量来表征加捻对非线性力学行为的影响，给出应力、应变与表面捻转角三者的关系，通过与试验数据的对比，表明该模型的有效性较好。

（3）本书建立的基于单参数的植物纤维增强热固性树脂复合材料无捻偏轴拉伸力学行为模型，是在剥离表面捻转角影响的情况下进行的，通过与加捻的情况进行对比，显示加捻对复合材料非线性的影响明显，揭示了加捻是植物纤维增强复合材料纵向拉伸时非线性力学行为的主要成因，模型结果与试验结果总体吻合较好。

（4）本书针对既加捻又偏轴的情况，首次提出融合微纤丝角、表面捻转角、偏轴拉伸角三种角度的数学模型。然而由于变量较多，应用时要根据实际情况进行建模，以约简和方便计算。本书算例中给出的基于反正弦双曲标量函数的关系模型，利用 MATLAB 进行仿真，效果良好。

（5）基于 ABAQUS 的有限元数值模拟应用在植物纤维增强复合材料的偏轴拉伸中，由于偏轴拉伸载荷模拟相对简单，仿真能高效地得到偏轴拉伸的模拟结果。另外，调用 UMAT 材料子程序运行的结果比直接仿真的效果好，其应力—应变关系曲线更加平滑。

本书的研究为今后进一步开展植物纤维增强复合材料在其他复杂载荷条件下的力学行为研究奠定了理论基础，为拓宽复合材料非线性力学行为理论进行了有益的尝试。

本书的撰写得到了同济大学航空航天与力学学院院长、博导、国家杰出青年基金项目获得者李岩教授的支持，她精心修改并给出了中肯的意见和建议，在此表示感谢。

由于作者水平有限，书中错误和不妥之处在所难免，敬请读者提出宝贵意见，以便再版修订，从而更好地为广大读者服务。作者联系方式：464054407@qq.com。

李永平

2019 年 2 月

目录

第1章
绪　论

● 1.1　概述

纤维增强树脂复合材料从二十世纪四五十年代诞生以来，以其高强、高模、低密度、耐腐蚀及结构可设计等优点在航空航天、土木工程、车辆运输、风力发电等领域内得到大规模的应用，用量逐年上升。其中，又以玻璃纤维增强复合材料和碳纤维增强复合材料的应用最为广泛。玻璃纤维增强复合材料和碳纤维复合材料在为人类生活带来方便的同时，又带来了回收利用困难及污染环境等新的问题，这使人类对植物纤维的开发利用逐渐变成热点。

与玻璃纤维、碳纤维相比较，植物纤维及其复合材料具有以下性能方面的优势[1]：①植物纤维有生态保护能力，如麻纤维生产周期短，对生长环境要求不高；②植物纤维生长过程无须农药和化肥；③植物纤维生长、加工的能量消耗少；

④植物纤维对二氧化碳的吸收能力强，具有减缓温室效应的作用；⑤植物纤维使用过程无有害的游离化学物质和玻璃纤维微粒；⑥植物纤维无须化学胶黏剂，可在一步法成型中与基体材料热粘合；⑦植物纤维替代化学纤维和塑料等人造材料，可节约有限的石油资源；⑧植物纤维焚烧时无毒物排放，填埋后可生物降解；⑨植物纤维可再生循环使用。

纤维增强复合材料由于其卓越的性能正日益广泛地应用于宇航、航空、石油、化工等现代工业的结构制造中。同时，由于结构的轻型化，几何非线性因素的影响不可忽略，用线性模型替代非线性模型以得到其近似解的处理方法不能很好地反映实际系统的力学行为。因此，复合材料结构的非线性静力学、动力学分析已成为固体力学研究领域中的重要研究内容。

若要正确和有效地使用复合材料（如纤维增强复合材料），就要对其进行更复杂的分析，以便能准确地预报这些材料对外载荷的弹性或非弹性响应。科研人员对层合复合材料的力学行为，尤其是薄板的力学行为进行了大量的研究工作。此前的研究也表明[2]，复合材料在偏轴拉伸和剪切等情况下，力学行为表现出明显的非线性，其应力—应变曲线不呈现线性。此时若仍按线性模型处理而忽略非线性因素的影响，可能会产生较大的误差，即此时非线性力学性能不能被忽略，相反，需要更好地表征和研究其力学行为，否则导致非线性的这些因素（如损伤等）将成为限制复合材料应用和进一步推广的瓶颈。在研究其非线性力学行为之前，需要清楚在应力作用下其内部的机理，复合材料的非线性多数情况下是由损伤引起的，而复合材料的损伤是一个复杂的逐渐损伤过程，纤维增强复合材料层合板的损伤过程，一般包含多种破坏模式，如基体开裂、纤维断裂、纤维抽拔、纤维与基体界面脱粘和分层等。这些损伤模式往往接连出现或在某个损伤区域内同时出现。从理论上揭示复合材料的渐近损伤过程，也就能构建其非线性的本构关系，这是复合材料领域研究的一个重点课题。

　　复合材料非线性力学行为的研究目前多见于传统碳纤维复合材料、玻璃纤维复合材料，而国内外对于植物纤维增强复合材料非线性力学行为的研究鲜见报道，针对植物纤维非连续、短、加捻等特点进行复合材料非线性力学行为研究的论文更是不多。本书对植物纤维增强复合材料非线性力学行为展开研究，必将对植物纤维复合材料力学理论体系的拓展做出贡献，具有重要的理论研究价值。本书的研究也将为植物纤维复合材料的设计和制造提供科学依据，为预测复合材料非线性力学行为提供一个准确合理的计算工具，为分析复杂结构件的非线性力学行为提供合理的构筑渠道，具有一定的实际应用价值。

● 1.2　植物纤维及其特征

1.2.1　植物纤维

　　植物纤维是广泛分布在种子植物中的一种厚壁组织。它的细胞细长、两端尖锐，具有较厚的次生壁，次生壁上常有单纹孔，成熟时一般没有活的原生质体。植物纤维在植物体中主要起机械支撑作用。构成植物纤维的基础物质是纤维素，纤维素是由 7000～10000 个葡萄糖分子呈束状平行排列的、经糖苷链连接起来的聚合物。

　　植物纤维由纤维素、半纤维素、木质素、果胶、蜡质和矿物质等组成。按照形态可以将植物纤维分为种子纤维、韧皮纤维、叶子纤维等不同种类，其中韧皮纤维和叶子纤维是最常用的。韧皮纤维包括大麻纤维、黄麻纤维、苎麻纤维、亚麻纤维等，叶子纤维包括剑麻纤维、蕉麻纤维等[3]。植物纤维的性能受许多因素影响，一般与产地、年龄、结构、化学组成和螺旋角等有关。而植物纤维本身容易吸湿，具有强亲水性，与疏水性的树脂基体间界面性能较差，因此研究者通常会对植物纤维进行改性处理，如利用去蜡处理、碱化处理、漂白处理、氰乙基化处理、硅烷处理、苯甲酰化处理、过氧化物处理、异氰酸处理、丙烯酸处理、乙酰化处理等方法改变其化学组成或者表面性质[4-13]。

植物纤维的产量很大，并且在不断增加，是纺织工业的重要材料来源。其中，我国的麻类纤维资源丰富，苎麻的产量居世界第一，因此把麻类纤维作为增强材料应用于复合材料[14]。麻类纤维大部分用于制造包装用织物和绳索，一部分品质优良的麻类纤维可供制作服装。

1.2.2 植物纤维的重要特征

与传统玻璃纤维、碳纤维相比较，植物纤维具有以下四个方面的重要特征。

1. 环保：可自然降解

植物纤维是自然界中取之不尽、用之不竭的可再生资源。目前大量垃圾是非降解废弃物，对生态环境造成严重威胁，并且危害人类健康。植物纤维环保材料天然成分可达 80% 以上，制成的物品用后弃于自然环境中可自然降解，是一种新型绿色的环保材料。1.1 节中对植物纤维的环保特征也有介绍。

2. 长度短，需要加捻

植物纤维受到自身生长特性的影响，纤维长度短小，而且植物纤维束中的纤维丝还不连续。对于合成纤维，根据工业需求，通过拉丝工艺可以得到连续的长纤维；而植物纤维长度一般为 10~1000mm。麻类纤维是植物纤维中最长的，如苎麻纤维长 50~120mm、亚麻纤维长 17~25mm、黄麻纤维长 2~4mm 等，且具有较高的强度和较低的断裂延伸率[15]。

因此，各类复合材料用植物纤维作为增强材料时，通常需要把植物纤维加捻以纺成纱线，复合材料性能必然受到这一工艺的影响。事实上，本书在研究植物纤维增强复合材料的过程中，发现该复合材料的力学行为具有明显的非线性，尤其是在初始的拉伸阶段。结果表明这种明显的非线性正是由植物纤维的加捻造成的，而这也正是本书研究的重要依据和出发点。

3. 独特的化学组成

植物纤维由三类主要成分组成——纤维素、半纤维素和木质素。这三类成分均为具有复杂空间结构的高分子化合物。

纤维素分子、半纤维素分子和木质素分子之间的结合主要依赖氢键，半纤维素分子和木质素分子之间除氢键外还存在化学键，半纤维素和木质素之间的化学键结合主要在半纤维素分子支链上的半乳糖基和阿拉伯糖基与木质素之间。

植物纤维素原料除上述三大类组分外，还含有少量的果胶、含氮化合物和无机物成分。植物纤维素原料不溶于水，也不溶于一般有机溶剂，在常温下，也不溶于稀酸和稀碱。

4. 多层次多尺度结构

纤维素、半纤维素和木质素相互结合形成复杂的超分子化合物，并进一步形成各种各样的植物细胞壁结构。纤维素分子规则排列、聚集成束，由此决定了细胞壁的构架，在纤丝构架之间充满了半纤维素和木质素。

X 射线衍射研究发现，植物纤维素大分子的聚集体中包括结晶区和无定型区，结晶区部分分子排列得比较整齐且有规则，呈现清晰的 X 射线衍射图，密度大，晶胞结构为单斜晶胞模型；无定型区的分子排列不整齐且较疏松，因而密度较低。从结晶区到无定型区是逐步过渡的，无明显界线。

一个植物纤维组织大约含有 60~80 个纤维素分子，每个纤维素分子约具有 10000 个葡萄糖单元；微纤丝由基原原纤维构成，尺寸比较固定，大纤丝由一个以上的微纤丝构成，其大小随原料来源或加工条件不同而有差异。另外，植物纤维在长度和细度上有很大的离散率，这些因素导致植物纤维形成多层次多尺度的结构。

1.3 传统纤维增强复合材料非线性力学行为研究

1.3.1 产生原因

复合材料的非线性力学行为很早就引起了科研人员的广泛关注，他们研究了由高分子树脂基体的粘弹性行为[16-20]、偏轴加载[21-25]及纤维编织形式[26-30]等引起的非线性力学行为，并结合物理机理建立本构关系，提出了不同的复合材料非线性力学行为预测模型[31-42]。

对于传统纤维增强复合材料，可将纤维看作是线弹性的，而聚合物基体则表现出非线性（在高温下更明显）。在纤维断裂和基体开裂以前，由受力分析可知，复合材料在纤维横向和面内剪切的非线性力学行为主要是由于软化型聚合物基体的非线性引起的，而基体材料的非线性对纤维方向模量和泊松比的影响可以忽略。

传统纤维增强复合材料偏轴拉伸时有较明显的非线性，尤其是 45°方向偏轴拉伸的非线性最明显。复合材料中的纤维在未与树脂基体复合前是柔软的，只能承受轴向应力。当载荷不沿复合材料的纤维方向时，由于复合材料是一个结构，应力按纤维和树脂基体的结构来分配，纤维和树脂基体都处于复杂应力状态，特别是树脂基体，此时树脂基体除承受拉伸应力外，还要承受剪切应力。

而对于纤维编织形式引起的非线性，由于材料增强体为三维空间网状连续纤维结构，其细观结构极为复杂，需要分析增强织物的取向、组织结构、线圈形态、几何与结构参数等因素，直接建立材料力学性能预报模型困难很大，许多科研人员通常基于周期性单胞来研究材料的基本力学行为。

总结上述研究结果[43]，传统纤维增强复合材料由偏轴拉伸和剪切引起的非线性尤为明显，主要原因有：①基体的非线性（此时，正轴拉伸时也存在基体非线性，但常被忽略）；②纤维的转动；③基体逐步开裂。

在一般情况下，传统纤维增强复合材料的非线性力学行为按照基体的种类分为两种情况[44-66]：①纤维增强热固性树脂基体复合材料，主要表现在偏轴拉压和剪切应力—应变的非线性，垂直于纤维的复合材料横向表现出较弱的非线性，而方向性拉压表现出较明显的非线性；②纤维增强热塑性基体复合材料，除了热固性基体复合材料的情况，还要考虑基体对非线性的影响。

1.3.2 传统纤维增强复合材料非线性本构关系研究现状

研究纤维增强复合材料非线性本构关系的方法可分为宏观力学法和细观力学法，大多数科研人员采用宏观力学法。宏观力学法把复合材料看作均匀的非线性各向异性材料，因此，必须在各材料主方向上建立不同的非线性本构关系[2]。

对于复合材料非线性的研究，目前更多的是偏向于偏轴引起的非线性研究，对于由基体粘弹性引起的非线性主要集中在对热塑性基体复合材料的研究上。由于本书研究的复合材料采用的是热固性基体，不具备粘弹性性能，所以对于基体粘弹性引起的非线性本书不再赘述。

1. 第一类方法——增量法

Petit 和 Waddoups 在 20 世纪 60 年代提出基本数据组结点之间用分段线性插值函数表示单向层合板的非线性力学行为。在这种方法中，硼/环氧复合材料层合板在材料主方向上承受拉伸载荷、压缩载荷和剪切载荷。用这种概念与简单层合板理论相结合，来确定层合板承受增量施加的面内载荷时的响应。在每个增量中，假设材料性质保持不变和独立，而且应力或应变可以从前一次增量中得到。Petit 和 Waddoups 运用线性单层板和层合板本构关系，并且使用分段线性的应力—应变曲线表达增量地施加平均层合板应力（σ_x^0，σ_y^0，τ_{xy}^0）。即对层合板施加平均层合板应力的增量（$\Delta\sigma_x^0$，$\Delta\sigma_y^0$，τ_{xy}^0），并用初始层合板柔度矩阵$[s]^T$，假设层合板对于施加的应力增量表现为线性，可计算层合板应变的第一次增量：$\left[\Delta\varepsilon^0\right]_{n+1}=[s_T]_n\left[\Delta\sigma^0\right]_{n+1}$。其中，$n$ 表示第 n 次值。然后，把层合板应变的增量 $\Delta\varepsilon^0$ 加到先前的应变上，以确定当前总层合板应变：$\left[\varepsilon^0\right]_{n+1}=\left[\varepsilon^0\right]_n+\left[\Delta\varepsilon^0\right]_{n+1}$。随着载荷增量的进行，可记录单独的单层板应变，并通过参考单层板试验应力—应变曲线，把 E_1，E_2，G_{12} 视为第 n 次单层板应变值的切线模量，由此可计算出相应的单层板在当前应力水平下的切线模量或刚度。这种方法通过单层板应变的第 n 次值得到第 $(n+1)$ 次载荷增量的层合板柔度矩阵，显然层合板的应力—应变曲线在很大程度上取决于产生累积误差的载荷增量的大小。

Hashin-Bagchi-Rosen 用碳纤维增强树脂复合材料单层板横向应变和剪切应变曲线的 Ramberg-Osgood 公式（一个描述材料在其屈服点附近应力—应变关的系理论模型）和变形理论描述层合板非线性力学行为。在分析单层板应变 ε 时，将其分解为弹性应变 ε' 和非弹性应变 ε''，非弹性应变 ε'' 用 Ramberg-Osgood 公式的形式给出。层合板分析相当复杂，对于 n 层层合板，可写出有关 $3n$ 个应力的 $3n$ 个方程，这些方程可用迭代法进行数值求解。

Sandhu 用分段三次插值函数来逼近基本性质数据集，表示出了全部非线性应力—应变关系（拉伸、压缩和剪切）。在这种理论中，基于获得的试验数据（对硼/环氧增强树脂复合材料进行偏轴拉伸试验），假设单层板中的法向应变是由法向应力引起的，而剪切应变是由剪切应力引起的，这种理论与简单层合理论相结合，可预测层合板的力学行为。增量地施加面内载荷，对于每次施加的增量，用迭代法求得应变。Sandhu 的这种方法可以解决 Petit-Waddoups 法过度依赖载荷增量大小的问题。首先，这种方法用分段三次插值函数来表示基本的应力—应变数据，然后，使用预测值—校正值和迭代法。这种方法用在第 n 次载荷增量之后的弹性性质得到的单层板应变来确定在相同载荷增量下的平均层合板柔度，并且得到一组新的层合板应变。重复这个程序直到连续两组层合板应变之间的差别小于一个规定值。这种方法使层合板应力—应变曲线对载荷增量大小的依赖减小。

Jones-Nelson-Morgan 认为非线性力学性质是应变能密度的函数，即材料的力学性质可表示为

$$（力学性质）_i = A_i \left[1 - B_i (U / U_{0i})^{C_i} \right] \tag{1.1}$$

式中，$U=(\sigma_1\varepsilon_1+\sigma_2\varepsilon_2+\tau_{12}\gamma_{12})/2$；$A_i$、$B_i$ 和 C_i 分别是应力—应变曲线初始斜率、初始曲率和第 i 次应力—应变曲线的曲率改变，它们由数据拟合确定，并用 U_0 来对力学性质方程中的应变能部分做无因次化。从式（1.1）中可以明显地看到，应变能是用特定点的割线模量进行计算的。这种方法说明，实际的最大应变能可以超过数据所定的极限，因为非线性分析是运用在多轴应力状态的，这时的应变能要比力学性质测量时单轴应力状态的应变能大。因此，应力—应变曲线和力学性质—应变能曲线要用一种相当复杂的方法进行外推，然后用迭代法得到应力—应变曲线。在每次非线性迭代过程中，对由前一次迭代的应变能确定性质的线弹性系统进行分析。对于层合板，迭代方法必须满足应力—应变关系、应力平衡和应变协调。尽管这种方法看起来较全面，但也很复杂。这种复杂性与 Hahn-Tsai 的结果比较时，并没有表明可获得更好的结果，其进行的试验为硼/环氧增强树脂复合材料的偏轴拉伸试验。

Amijima-Adachi 通过对纤维增强树脂基层合板的拉伸和压缩试验观察了复合材料的非线性应力—应变现象，尤其对 $\pm\phi$ 角铺设层合板的偏轴加载试验显示出了不同程度的非线性。尽管这种方法是在前几种方法出现之后给出的，但是从根本上说，这并不是一种新方法。它仅限于剪切非线性，非线性用许多直线段表示，即剪切应力—应变曲线被分为 n 个小段，在以下每个增量中认为是直线，该增量的表达式为

$$（G_{12}）_n = \frac{(\Delta\tau_{12})}{(\Delta\gamma_{12})_n} = 变量 \tag{1.2}$$

对于单向层合板和角铺设层合板来说， $\Delta\gamma_{12}$ 与 $\Delta\sigma_x^0$ 之间的方程较容易得到，然后可得到层合板应变增量，并预计层合板的非线性应力—应变关系。通过叠加各单向单层板或角铺设单层板来分析应力—应变响应。

2. 第二类方法——Hahn-Tsai 法及其演变

1973 年，Tsai 和 Hahn[16]用应变余能密度研究了单向复合材料层合板平面剪切非线性力学行为的本构关系，并使用硼纤维增强环氧树脂复合材料板和碳纤维增强环氧树脂复合材料板进行试验，以证明结果的准确程度。他们将轴向与横向的应力—应变关系看成线性以简化计算模型，虽然没有得到普适性的结果，但是可以进行推广，并展示了如何在特定的载荷条件下得到相对准确的本构方程，最后还证明了使用应变能密度推导本构关系是不合适的。Hahn-Tsai 用弹性应变余能密度推导出了一种应力—应变关系。这种方法忽略了面内法向应力和剪切应力之间的耦合。在应用时，他们仅考虑层合板非线性的主要贡献者——剪切非线性力学行为，并引入一个附加的四阶常数（大于 0）来考虑剪切的非线性力学行为，即

$$
\begin{bmatrix} \varepsilon_1 \\ \varepsilon_2 \\ \varepsilon_3 \end{bmatrix} = [S'] \begin{bmatrix} \sigma_1 \\ \sigma_2 \\ \sigma_3 \end{bmatrix} + S_{6666}\tau_{12}^2 \begin{bmatrix} 0 \\ 0 \\ \tau_{12} \end{bmatrix} \tag{1.3}
$$

他们把上述研究单层板的方法推广到层合复合材料，采用的方法为常规方法，先把方程转换为 x-y 轴系统，然后利用层合理论得到层合板应力与应变之间的关系。每步都引入新的函数，这样的分析有些复杂，它只考虑了剪切响应的非线性，并且引入了一个新的常数 S_{6666}，它必须由 ±45° 层合板的单向拉伸试验来确定。

夏源明等人[17]在 Hahn-Tsai 非线性弹性理论的基础上，导出了复合材料板在平面应力状态下的一般非线性本构关系；并使用单向拉伸（纵向和横向）和双向拉伸试验验证了单向复合材料板在纵向和横向应力之间不存在非线性耦合，

从而获得了一个简化而又实用的本构关系，并通过试验，验证了推导所得本构方程与试验数据偏差在容许范围内，可以接受。试验所用材料是玻璃纤维增强环氧树脂复合材料，同时验证了以碳纤维或硼纤维作为增强材料的复合材料也有相似的结果。

该模型的一般的应力—应变关系可表示为

$$
\begin{cases}
\varepsilon_1 = S_{11}\sigma_1 + S_{12}\sigma_2 + S_{1111}\sigma_1^3 + 3S_{1112}\sigma_1^2\sigma_2 + 2S_{1122}\sigma_1\sigma_2^2 + S_{1222}\sigma_2^3 \\
\varepsilon_2 = S_{22}\sigma_2 + S_{12}\sigma_1 + S_{2222}\sigma_2^3 + 3S_{1222}\sigma_1\sigma_2^2 + 2S_{1122}\sigma_1^2\sigma_2 + S_{1112}\sigma_1^3 \\
\varepsilon_6 = S_{66}\sigma_6 + S_{6666}\sigma_6^3
\end{cases}
\tag{1.4}
$$

我们分别通过沿 1、2 方向的单向拉伸试验，1 和 2 两方向的双向拉伸试验确定上述关系式中的各参数。经过简化后，得到本构关系式为

$$
\begin{Bmatrix} \varepsilon_1 \\ \varepsilon_2 \\ \varepsilon_3 \end{Bmatrix} =
\begin{pmatrix} S_{11} & S_{12} & 0 \\ S_{12} & S_{22} & 0 \\ 0 & 0 & S_{66} \end{pmatrix}
\begin{Bmatrix} \sigma_1 \\ \sigma_2 \\ \sigma_6 \end{Bmatrix} +
S_{2222}\sigma_2^2 \begin{Bmatrix} 0 \\ \sigma_2 \\ 0 \end{Bmatrix} +
S_{6666}\sigma_6^2 \begin{Bmatrix} 0 \\ 0 \\ \sigma_6 \end{Bmatrix}
\tag{1.5}
$$

对于偏轴拉伸引起的非线性力学行为的分析，1989 年 Sun 和 Chen[18]建立了描述基于纤维增强复合材料非线性力学行为本构模型的流动法则。这个适用于正交各向异性具有非线性的单参数流动法则可以用来描述纤维增强复合材料的非线性力学行为。考虑到大部分复合材料在轴向表现出很小的非线性，单参数足以胜任。利用有效应力与非线性应变增量，得出了一个普遍适用于正交各向异性复合材料的应力—应变本构关系，并经由硼增强的铝基复合材料和碳纤维增强的环氧复合材料试验证明该模型的准确性，得到非线性应变增量—应力之间的关系。

对于各向异性材料的非线性力学行为，Sun 等人提出了一个带有单参数 a_{66} 的流动准则，用以描述纤维复合材料表现出来的非线性。

该模型建立基于的屈服判据为

$$2f(\sigma_{ij}) = a_{11}\sigma_{11}^2 + a_{22}\sigma_{22}^2 + a_{33}\sigma_{33}^2 + 2a_{12}\sigma_{11}\sigma_{22} + 2a_{13}\sigma_{11}\sigma_{33} + 2a_{23}\sigma_{22}\sigma_{33} +$$
$$2a_{44}\sigma_{23}^2 + 2a_{55}\sigma_{13}^2 + 2a_{66}\sigma_{12}^2 = k \qquad (1.6)$$

该屈服判据适用于各向异性材料，σ_{ij} 为材料主方向上的应力，系数 a_{ij} 的值由试验确定，它描述了初始非线性力学行为的各向异性程度，当 a_{ij} 取值为式（1.7）所示时

$$\begin{cases} a_{11} = a_{22} = a_{33} = \dfrac{2}{3} \\[2mm] a_{12} = a_{13} = a_{23} = -\dfrac{1}{3} \\[2mm] a_{44} = a_{55} = a_{66} = 1 \end{cases} \qquad (1.7)$$

上面的判据就简化为 Von Mises 屈服判据。正交各向异性材料的 Hill 屈服判据是式（1.6）判据的一个特例，只要满足式（1.8）所示条件即可。

$$\begin{cases} a_{12} = a_{33} - \dfrac{1}{2}(a_{11} + a_{22} + a_{33}) \\[2mm] a_{13} = a_{22} - \dfrac{1}{2}(a_{11} + a_{22} + a_{33}) \\[2mm] a_{23} = a_{11} - \dfrac{1}{2}(a_{11} + a_{22} + a_{33}) \end{cases} \qquad (1.8)$$

式（1.6）的屈服判据条件是复合材料塑性变形且具有不可压缩性，同时塑性变形与水静应力无关。根据相关的流变定律，屈服判据可取作塑性势能函数，从中可以导出式（1.9）所示的非线性应变增量，式（1.9）中上标 p 代表塑性，$d\lambda$ 是比例系数。

$$d\varepsilon_{ij}^p = \frac{\partial f}{\partial \sigma_{ij}} d\lambda \qquad (1.9)$$

单位体积塑性功增量由式（1.10）给出，即

$$dW^p = \sigma_{ij}d\varepsilon_{ij}^p = 2f d\lambda \qquad (1.10)$$

将其有效应力 $\bar{\sigma}$ 定义为

$$\bar{\sigma} = \sqrt{3f} \qquad (1.11)$$

有效非线性应变增量 $d\bar{\varepsilon}^p$ 可以按式（1.12）定义，即

$$dW^p = \sigma_{ij}d\varepsilon_{ij}^p = \bar{\sigma}d\bar{\varepsilon}^p \qquad (1.12)$$

前人的大量试验结果表明，纤维复合材料在沿纤维方向受力时表现出线性特征（此时忽略植物纤维的加捻），因此可以假设

$$d\varepsilon_{11}^p = 0 \qquad (1.13)$$

进而得到式（1.14），即

$$a_{11} = a_{12} = a_{13} = 0 \qquad (1.14)$$

由此，塑性势能函数式（1.6）可简化为式（1.15），即

$$2f = \sigma_{22}^2 + 2a_{66}\sigma_{12}^2 \qquad (1.15)$$

由式（1.15）可以导出非线性应变增量为

$$\begin{Bmatrix} d\varepsilon_{11}^p \\ d\varepsilon_{22}^p \\ d\gamma_{12}^p \end{Bmatrix} = \begin{Bmatrix} 0 \\ \sigma_{22} \\ 2a_{66}\sigma_{22} \end{Bmatrix} d\lambda \qquad (1.16)$$

相应的有效应力为

$$\bar{\sigma} = \left[\frac{3}{2} (\sigma_{22}^2 + 2a_{66}\sigma_{12}^2) \right]^{1/2} \qquad (1.17)$$

同时，非线性应变增量简化为

$$d\bar{\varepsilon}^p = \left[\frac{2}{3} (\sigma_{22}^2 + 2a_{66}\sigma_{12}^2) \right]^{1/2} d\lambda \qquad (1.18)$$

非线性应力—应变的增量关系完全由 a_{66} 和 $d\lambda$ 决定，材料常数 a_{66} 可以由偏轴静力试验获得。

2009 年，Yokozeki 等人[19]建立了复合材料的弹塑性本构关系模型，该力学模型认为，复合材料的应变包括弹性变形和塑性变形两部分，即

$$d\varepsilon_{ij} = d\varepsilon_{ij}^e + d\varepsilon_{ij}^p$$

其中，弹性部分的经典变形公式为

$$\begin{Bmatrix} d\varepsilon_{11}^e \\ d\varepsilon_{22}^e \\ d\gamma_{12}^e \end{Bmatrix} = \begin{bmatrix} \dfrac{1}{E_1} & \dfrac{-\nu_{12}}{E_1} & 0 \\ & \dfrac{1}{E_2} & 0 \\ sym & & \dfrac{1}{G_{12}} \end{bmatrix} \begin{Bmatrix} d\sigma_{11} \\ d\sigma_{22} \\ d\tau_{12} \end{Bmatrix}$$

而塑性部分的变形，Yokozeki 等人在 Sun-Chen 塑性模型的基础上引入了应力方向上的参数 a_1，得到有效应力为

$$\bar{\sigma} = \sqrt{\frac{3}{2} \left[(\sigma_{22} - \sigma_{33})^2 + 2a_{66}\left(\tau_{12}^2 + \tau_{13}^2 \right) + 2a_{44}\tau_{23}^2 \right] + a_1^2 \sigma_{11}^2} + a_1(\sigma_{11} + \sigma_{22} + \sigma_{33}) \qquad (1.19)$$

在 1、2 平面应力状态下的有效应力为

$$\bar{\sigma} = \sqrt{\frac{3}{2} \left(\sigma_{22}^2 + 2a_{66}\tau_{12}^2 \right) + a_1^2 \sigma_{11}^2} + a_1(\sigma_{11} + \sigma_{22}) \equiv \tilde{\sigma}_{\text{eff}} + a_1\left(\sigma_{11} + \sigma_{22} \right) \qquad (1.20)$$

其假定在真应变范围以内，纤维方向的塑性变形可以忽略不计，且 $a_1=1$ 或 $\sqrt{a_{66}}$ 。

这样应变增量为

$$\mathrm{d}\varepsilon_{ij}^{p} = \frac{\partial\bar{\sigma}}{\partial\sigma_{ij}}\mathrm{d}\bar{\varepsilon}^{p}$$

即

$$\begin{Bmatrix} \mathrm{d}\varepsilon_{11}^{p} \\ \mathrm{d}\varepsilon_{22}^{p} \\ \mathrm{d}\gamma_{12}^{p} \end{Bmatrix} = \begin{bmatrix} \dfrac{a_1^2\sigma_{11}}{\tilde{\sigma}_{\mathrm{eff}}} + a_1 \\[3mm] \dfrac{3\sigma_{22}}{2\tilde{\sigma}_{\mathrm{eff}}} + a_1 \\[3mm] 3a_{66}\dfrac{\tau_{12}}{\tilde{\sigma}_{\mathrm{eff}}} \end{bmatrix} \mathrm{d}\bar{\varepsilon}^{p}$$

而根据 Sun-Chen 塑性模型的有效应变与有效应力间的关系 $\bar{\varepsilon}^{p} = A\bar{\sigma}^{n}$ ，可以得到在平面应力状态下塑性部分的应力—应变公式，即

$$\begin{Bmatrix} \mathrm{d}\varepsilon_{11}^{p} \\ \mathrm{d}\varepsilon_{22}^{p} \\ \mathrm{d}\gamma_{12}^{p} \end{Bmatrix} = An\bar{\sigma}^{n-1} \begin{bmatrix} \left(\dfrac{a_1^2\sigma_{11}}{\tilde{\sigma}_{\mathrm{eff}}} + a_1\right)^2 & \left(\dfrac{a_1^2\sigma_{11}}{\tilde{\sigma}_{\mathrm{eff}}} + a_1\right)\left(\dfrac{3\sigma_{22}}{2\tilde{\sigma}_{\mathrm{eff}}} + a_1\right) & 3a_{66}\dfrac{\tau_{12}}{\tilde{\sigma}_{\mathrm{eff}}}\left(\dfrac{a_1^2\sigma_{11}}{\tilde{\sigma}_{\mathrm{eff}}} + a_1\right) \\[5mm] & \left(\dfrac{3\sigma_{22}}{2\tilde{\sigma}_{\mathrm{eff}}} + a_1\right)^2 & 3a_{66}\dfrac{\tau_{12}}{\tilde{\sigma}_{\mathrm{eff}}}\left(\dfrac{3\sigma_{22}}{2\tilde{\sigma}_{\mathrm{eff}}} + a_1\right) \\[5mm] sym & & 9a_{66}^2\dfrac{\tau_{12}^2}{\tilde{\sigma}_{\mathrm{eff}}^2} \end{bmatrix} \begin{Bmatrix} \mathrm{d}\sigma_{11} \\ \mathrm{d}\sigma_{22} \\ \mathrm{d}\tau_{12} \end{Bmatrix}$$

（1.21）

Yokozeki 继续推导得到偏轴拉伸的本构关系模型，他制备了 T800H/3633 碳纤维/环氧复合材料来获取相关参数，制备了 20 层和 40 层的复合材料，进行了角度为 15°、30°、45°、60°、90°的拉伸试验和压缩试验，通过压缩试验获得模型中的两个参数 a_1 和 a_{66} ，得到的本构关系模型与试验数据相当吻合，可以很好地预测

载荷方向上的非线性力学行为。

综上所述，第一类方法——增量法未能给出具体的本构关系，故本书的理论建模研究中不涉及该类方法，但在数值模拟时可以借鉴使用。第二类方法——Hahn-Tsai 法及其演变，尤其是夏源明-杨报昌在 Hahn-Tsai 非线性弹性理论基础上导出的一般平面应力状态下的本构方程已经十分明确，其模型假定纵向线性，横向忽略不计，仅考虑 1、2 方向面内剪切对非线性的影响。Sun C. T.的模型考虑了剪切项和横向非线性的影响，但前提是假定纵向线性，而植物纤维由于其自身的特点在纵向上也表现出明显的非线性。Yokozeki 的模型假定热固性复合材料在真应变范围以内纤维方向的塑性变形可以忽略不计，但他在模型中还是考虑了纵向方向上的应力对非线性的影响，能更好地预测纵向非线性，他只研究复合材料没有发生损伤、尚未屈服断裂之前的情况，采用了宏观力学法。因此，第一类方法——增量法中的 Petit-Waddoups 法、Hashin-Bagchi-Rosen 法、Sandhu 法、Jones-Nelson-Morgan 法和 Amijima-Adachi 法最终都需要使用增量法进行迭代，这可以在 ABAQUS 复合材料非线性有限元分析中采用该类增量法，直到得到收敛解时为止。第二类方法——Hahn-Tsai 法及其演变可以在本书后续章节的研究中作为借鉴和参考。

总之，目前国内外针对复合材料如何建立非线性力学行为本构关系多采用宏观力学法，细观力学法多用于计算和预测强度，各种具体方法都有其适用范围。

● 1.4 植物纤维增强复合材料非线性力学行为研究

1.4.1 重要性

本书在研究植物纤维增强复合材料的过程中，发现该复合材料的力学行为具有明显的非线性，而这种非线性主要是由植物纤维加捻造成的，与传统纤维增强复合材料不同，这也成为研究植物纤维增强复合材料非线性的出发点，其重要性表现为：

（1）植物纤维预浸料的研制，如今这也是植物纤维增强复合材料新的发展方向之一，如何选择合适的加捻程度以获得优异的复合材料力学性能是重要的课题之一。

（2）由于复合材料结构上的几何非线性因素影响不可忽略，用线性模型替代非线性模型以得到其近似解的处理方法不能很好地反映实际系统的力学行为，需要从更加细观的角度去分析，如植物纤维加捻。复合材料结构的非线性静力学、动力学分析已成为固体力学研究领域中的重要研究内容。

在对植物纤维增强复合材料的应力—应变关系进行分析描述时，传统的线弹性本构模型已经无法胜任非线性力学行为的分析，而如果仅在线弹性范围内使用该材料（忽略非线性），则不能充分发挥该材料的力学性能。在某些领域（如航空航天），安全裕度过大与其部件追求减重的目标不符。因此需要充分了解该材料的非线性力学行为，特别是其内部的损伤机理与特性，并为其建立合适的非线性本构模型。建立非线性本构模型的一个重要作用是辅助复合材料的结构优化设计，在结构设计阶段将本构模型与商业有限元软件相结合，准确计算结构在不同载荷条件下的应力状态并预测其承载能力，有助于结构的优化设计，同时省去或减少大量的试件制备和测试过程，从而降低复合材料结构的研发成本。

（3）植物纤维增强复合材料偏轴拉伸也呈现明显的非线性，在这一过程中，加捻是如何对偏轴拉伸非线性造成影响的，这与传统纤维增强复合材料有什么区别，为此需要建立相应的考虑加捻的偏轴拉伸力学行为模型，为植物纤维增强复合材料的准确设计提供依据。

总之，如果忽略植物纤维增强复合材料由于加捻或者偏轴拉伸引起的非线性，在设计先进复合材料的相关性能参数时将降低准确度，从而影响复合材料制造的质量和成本，势必最终影响其在工业生产各个领域中的应用。

1.4.2 研究现状

Madsen 等人[20]研究了大麻纤维增强热塑性树脂复合材料的拉伸力学性能，包括：①两种大麻纱线与其复合材料拉伸应力—应变关系，发现曲线呈现非线性，同时得到质量更轻的大麻品种增强的复合材料产生同样的应变需要的应力更大的结论，这说明纤维质量对非线性力学行为有一定影响（见图1.1）；②对比三种不同大麻纤维体积分数复合材料的拉伸应力—应变曲线，发现曲线呈现非线性，且纤维体积分数越大产生同样的应变所需的应力越大，这说明纤维体积分数对非线性力学行为有直接影响（见图1.2）；③对比同一种大麻纤维增强三种不同树脂基体的应力—应变曲线，曲线呈现非线性，且发现基体为 PET 的复合材料拉伸时产生同样的应变所需应力最大（对比基体为 PP 和 PE），这说明基体的性质对复合材料非线性力学行为具有直接影响（见图1.3）；④对同一种大麻增强复合材料进行 0°、10°、20°、30°、45°、60°、90°的偏轴拉伸，对比各应力—应变曲线，发现偏轴角越大应力越小，这说明偏轴拉伸角度对非线性力学行为有直接影响而且试验结果表明影响很大（见图1.4）。综上可知，B. Madsen 等人做了大量试验研究，但其不足之处在于该工作通过大量试验研究获得一定的规律性结论，但并没有将这些结论以力学模型的形式表述出来，即没有建立相关的本构关系和模型，其应用具有一定局限性。

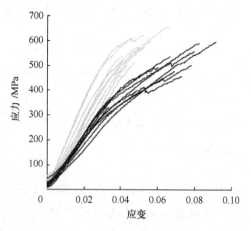

图 1.1 不同质量大麻纤维增强热塑性树脂复合材料非线性拉伸对比[20]（颜色淡的质量轻）

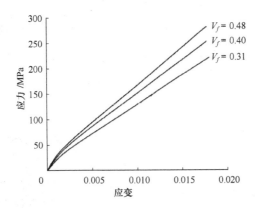

图 1.2 不同大麻纤维体积分数对应的复合材料非线性拉伸对比[20]

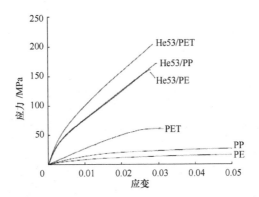

图 1.3 同种大麻纤维不同基体对应的复合材料非线性拉伸对比[20]

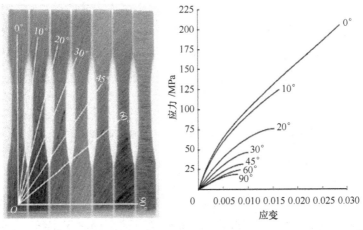

图 1.4 不同偏轴拉伸角度下对大麻纤维增强复合材料非线性拉伸的对比[20]

Shah 等人[21]研究了亚麻纤维复合材料在 0°、15°、30°、45°、60°、90°的偏轴拉伸力学行为［见图 1.5（a）］，发现在应变小于 0.4%时其应力—应变关系表现为明显的非线性，同时随着偏轴角的增大，产生同样的应变所需的应力相应减小［见图 1.5（b）］。

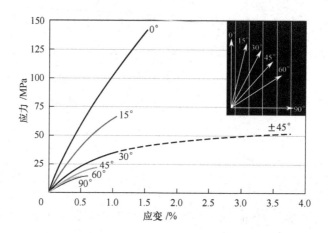

（a）单向亚麻纤维纱线增强聚酯复合材料偏轴拉伸应力—应变曲线（试验结果）

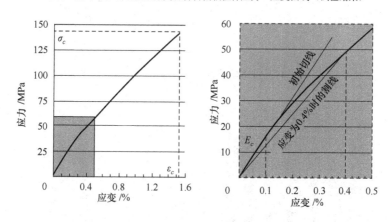

（b）应变小于 0.4%时复合材料拉伸应力—应变关系表现为明显的非线性[21]

图 1.5　单向亚麻纤维纱线增强聚酯复合材料偏轴拉伸

此外，Shah 等人[25, 32-35]在过去五年间还对植物纤维复合材料非线性的拉伸力学行为及相关建模工作展示了浓厚的兴趣，其研究范围涵盖亚麻、剑麻、苎麻等植物纤维增强复合材料的力学行为，也针对加捻对复合材料强度的影响、纤维体积含量的最优化、植物纤维复合材料能否取代传统纤维复合材料等各类问题，进行了各种有意义的探索和试验。他们构建的力学模型是基于复合材料混合定律、理想加捻短纤维纱线结构和 Krenchel 方向效率因子提出的，除利用自己的试验数据进行验证外，还广泛地引用了 Goutianos 和 Peijs[29]的试验数据进行验证，证实了模型的有效性。

2009 年，Nakamura 等人[22]研究了纱线捻度对苎麻编织增强复合材料非线性力学行为的影响，并对比了复合材料与苎麻织物在力学性能上的不同，还利用有限元分析方法分析了纱线捻度对苎麻织物复合材料拉伸性能的影响，结果表明产生同样的应变时捻度越大所需要的应力越小（试样 HT3C 的捻度最大），如图 1.6 所示。

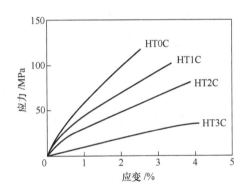

图 1.6　不同纱线捻度对苎麻织物增强复合材料非线性力学行为的影响[22]

另外，王春敏[23]在其论文《纤维束本构方程的研究》中介绍，在不考虑剑麻纤维自身所致非线性的前提下（认为属线弹性力学情况），由于在制作试样时，对剑麻纤维束进行了加捻（由于表面捻转角与捻系数成正比，也可以用于表征纤维的加捻程度），加捻后剑麻纤维束的弹性模量发生改变，沿纤维方向的弹性模量变化规律为

$$E'_f = E_f \cos^2 \theta$$

式中，E_f 为原剑麻纤维弹性模量。

从上述的研究可以总结得到，植物纤维增强复合材料在纵向拉伸，尤其在偏轴拉压时有明显的非线性，产生非线性力学行为的主要原因有：纤维加捻所致的非线性、基体（主要是热塑性基体）粘弹性所致的非线性等。在一般情况下，植物纤维增强热固性树脂基复合材料的非线性主要表现在纵向偏轴拉伸和加捻所致的非线性。由于本书研究对象为植物纤维增强热固性树脂基复合材料，因此，既需要研究纤维加捻的细观特点，又需要研究宏观偏轴拉伸的特性，故而采用细观力学与宏观力学相结合的方式展开研究。

综上所述，通过对国内外研究现状的分析发现，国内外对于植物纤维短、加捻、非连续性等特征引起的复合材料非线性力学行为的试验研究较多，而非线性力学行为的理论研究较少，尤其对于如何建立考虑植物纤维捻度的非线性力学行为本构关系没有进行研究，这正是本书研究的着眼点，也使得本课题在该方向的研究具有一定的创新性和挑战性。

● 1.5 复合材料非线性力学行为的数值模拟

在分析复合材料非线性力学的实际问题时，建立基本方程和边界条件相对容易，但由于其几何形状、材料特性和外部荷载的不规则性，直接求得解析解比较困难，因此，寻求近似解法成了一种研究思路，即数值模拟方法。目前，常用的数值模拟方法主要为差分法和有限元法，对于非线性力学行为的数值模拟，一般采用有限元法。

有限元法把求解区域看作由许多小的、在结点处互相连接的单元构成，其模型给出基本方程的单元近似解。由于单元可以被分割成各种形状和大小不同的尺寸，所以它能很好地适应复杂的几何形状、复杂的材料特性和复杂的边界条件，这是有限元法相比于差分法的优点。再加上有限元法有成熟的大型计算软件支持及计算机运算速度与内存不断提高，使之成为一种应用极广的数值计算方法。其中，著名的有限元软件之一为 ABAQUS。

在国外，众多有限元分析和研究人员热衷于使用 ABAQUS，一个很重要的原因就在于 ABAQUS 给用户提供了功能强大、使用方便的二次开发工具和接口，使得用户可以方便地进行富含个性化的有限元建模、分析和后处理操作，可满足特定工程问题的需要。通过用户材料子程序接口（User-defined Material Mechanical Behavior，UMAT），用户可定义任何补充的材料模型，不但可以读取任意数量的材料常数，而且 ABAQUS 在每一材料计数点都提供了存储功能，以便存储任何数量的、与解相关的状态变量，以在这些子程序中应用[67-70]。

1.5.1 ABAQUS 求解非线性问题

实际上，线性分析只是一种方便的近似，对设计来说，在一定范围内，一般可以达到所需精度，但对很多实际结构的模拟而言却不能满足要求，如对锻造、冲压等加工过程的模拟分析。

ABAQUS 不但具有一般的静动强度分析功能和结构动力学分析功能，而且还具有流固耦合和气弹分析接口。在非线性静力/动力、接触、断裂破坏、各种非线性材料（包括复合材料及各种复杂的组合）高度非线性问题的求解方面都具有良好的解决方案。

在 ABAQUS 中，非线性模拟是最常见的，ABAQUS 在求解非线性问题时具有非常明显的优势。其非线性涵盖材料非线性、几何非线性和边界非线性等多个方面。

1. 材料非线性

有的材料在力学行为初始阶段，即小应变时表现为线性，但随着应变的增加，逐渐呈现非线性，而植物纤维增强复合材料在小应变阶段即呈现出明显的非线性，这显然是由于材料不同导致的材料非线性。材料的非线性也可能与应变以外的其他因素有关。应变率相关材料的材料参数和材料失效都是材料非线性的表现形式。材料性质也可以是温度和其他预先设定的场变量函数。

在对材料属性进行设置时，在 ABAQUS 中必须用真实应力和真实应变定义塑性。然而大多数试验数据常常是以名义应力和名义应变给出的，这时应该利用公式把塑性材料的数据转换为真实应力和真实应变。

2. 几何非线性

几何非线性发生在位移的大小影响到结构响应的情况。一般是由大挠度或大转动、突然翻转、初应力或载荷刚性化三种情况造成的。

在 ABAQUS 分析中，定义几何非线性问题比较简单，在 CAE 中的定义方式也很简单，只需要在定义 STEP 时，把 NLGEOM 参数设为 ON 即可。

在几何非线性分析中，局部的材料方向在每个单元中可能随变形而转动。对于壳、梁及桁架单元，局部的材料方向总是随变形而转动的。对于实体单元，仅当单元参照于非默认的局部材料方向时，局部材料方向才随变形而转动，而在默认情况下局部材料方向在整个分析中将始终保持不变。

3. 边界非线性

若边界条件随分析过程发生变化，就产生了边界非线性的问题。例如，将板材冲压入模具的过程，在板材与模具接触前，板材在压力作用下的伸展变形是相对容易产生的，在与模具接触后，由于边界条件的改变，必须加压才能使板材继续成型，也就是边界非线性问题。

边界非线性是极度不连续的，在模拟分析中发生接触时，结构的响应特性会在瞬时发生很大变化。接触实际上也是一系列特殊的不连续约束，旋紧螺栓时，两零件的表面由分离到间隙为零，开始应用接触约束，当接触条件从"开"到"闭"

时，接触压力发生剧烈变化，使接触模拟非常困难。

在 ABAQUS 中定义两个结构间的接触问题，第一步是用*SURFACE DEFINI-TION 选项定义表面，接着用*SURFACE INTERACTION 选项来定义表面间的相互作用，然后用*CONTACT PAIR 选项定义可能接触的表面对。

1.5.2 有限元法在复合材料研究中的应用现状

植物纤维增强复合材料层合板的结构形式多种多样，受力状态也各不相同，对于简单结构，可以直接得到解析解；但是对于复杂结构，必须采用有限元法，应用计算机进行模拟。在有限元计算中必须使用合适的本构理论，如 Hasan 等人[67]用有限元法分析了复合材料梁和板，其中复合材料层合板的力学材料属性由层合板中各层的材料属性经加权平均得到。

有限元计算可以在改进设计方面节省大量时间和费用，各种复杂的复合材料结构问题可以借助各种商业有限元软件加以解决，如 Modniks 等人[68]在研究单向亚麻/环氧复合材料的偏轴拉伸应变随应力增加的变化时，利用 ABAQUS 模拟偏轴拉伸时复合材料层合板开孔试样的裂纹扩展模型。

利用 ABAQUS 进行模拟之前，需要考虑纤维含量、长细比、纤维随机分布、随机各向异性的弹性及基体弹塑性的影响，并深入研究界面层性质、界面粘结细观特征对宏观力学性能（如偏轴拉伸）的影响规律。仿真的方向主要有[69-76]：①分析纤维拉拔过程中纤维完全粘结、粘结滑移及完全脱粘时的界面正应力、剪应力大小，给出纤维脱粘、断裂判据，建立纤维拉拔过程的力学模型，分别讨论纤维埋入深度和基体包裹厚度不同时，纤维/基体界面的剪应力、轴向应力和径向应力的变化规律；②考虑几何非线性因素，分析应力及其变形；③建立短纤维增强复合材料代表性单元（Representative Volume Element，RVE）的二维有限元模型；④对复合材料板材的拉伸过程进行计算机仿真，模拟其破坏过程，数值模拟再现了短纤维增强复合材料的变形、破坏全过程。这些仿真模拟了复合材料的试验拉伸应力—应变曲线，数值分析结果能解释短植物纤维对复合材料宏观有效模量的影响，仿真结果都能与试验结论较好吻合。而对于本书研究的连续植物纤维增强复合材料，数值模拟的方法跟短纤维增强复合材料类似或者说更加简单，因为此时不需要再考虑某些因素（如长细比、纤维随机分布等情况），在偏轴拉伸时往往被当作传统纤维增强复合材料来进行简化分析，此时忽略加捻的影响，当前国内外文献也没有考虑加捻影响的植物纤维增强复合材料非线性力学模拟方面的研究。

目前，使用的商用有限元仿真软件主要有 ABAQUS 和 ANSYS，ABAQUS 由于嵌入了更多的单元种类和材料模型，在非线性分析方面更胜一筹，ABAQUS 致力于更复杂和深入的工程问题，其强大的非线性分析功能在设计和研究的高端用户群中得到了广泛的认可。在建立有限元几何模型时，可以把纤维或基体的细观结构考虑进去，选取的本构模型可以是细观力学模型，也可以是宏观力学模型，实际应用时取决于具体的案例需求。由于 ABAQUS 在非线性分析上的优势，本书拟采用 ABAQUS 来分析植物纤维增强材料的非线性力学行为。

● 1.6　研究思路、研究内容与创新点

1.6.1　研究思路

综合上述分析，尽管国内外科研人员对于植物纤维增强复合材料的非线性力学行为开展了一定的研究工作。例如，Shah 等人从细观力学角度对植物纤维增强复合材料的力学性能（主要是强度）开展了大量研究工作；但都未结合植物纤维的特征，针对植物纤维增强复合材料应力—应变关系或者本构关系展开研究，存在不足，这为本书的研究提供了突破口。本书旨在研究植物纤维加捻、偏轴拉伸对植物纤维复合材料力学行为的影响，研究其在小应变情况下（相对于大变形的

情况，通常小于 2%）的非线性应力—应变关系或本构模型。建立植物纤维增强复合材料的本构关系或本构模型，能预测复合材料承受相关载荷时的应力或应变的变化，从而为优化其性能提供了理论分析工具和依据。

为此，本书拟制备无捻和不同捻度的剑麻纤维增强环氧树脂复合材料、亚麻纤维单向织物增强聚酯复合材料，采用试验、理论建模和数值模拟三种方法开展植物纤维增强复合材料非线性力学行为的研究。

本书研究的目的在于：①获得加捻植物纤维增强复合材料纵向拉伸非线性力学行为的影响规律，建立应力—应变关系；②获得无捻植物纤维增强复合材料偏轴拉伸的非线性力学行为规律，建立本构方程；③获得加捻植物纤维增强复合材料偏轴拉伸非线性力学行为规律，建立本构方程。

从本书研究目的可知，需要建立材料的应力—应变关系或者本构模型。在建立本构模型时，其目标及实质是提出一个合适的数学模型，以描述材料的应力—应变关系。其通常思路是：①首先对材料进行力学测试，获得其力学行为；②提出一个数学模型，以描述观察到的材料力学行为；③将提出的本构模型用于预测不同的算例，然后与试验结果进行对比，以验证模型的有效性；④对于一些已发现但不能合理或准确描述的材料力学行为，则需要进一步修正数学模型，以推广其适用范围。本书即从这一常规思路出发，研究植物纤维增强复合材料非线性力学行为的本构关系或者模型。

1.6.2　研究内容

根据上述研究思路和研究目的，本书的研究内容包括以下四个方面。

1. 加捻对植物纤维增强复合材料纵向拉伸非线性力学行为的影响研究

制备加捻剑麻/环氧复合材料单向板，通过研究剑麻纤维束的股线加捻对复合材料力学行为影响的内在机理，研究作为增强材料的剑麻纤维束弹性模量和复合材料模量的变化，重点研究加捻对其复合材料纵向拉伸非线性力学行为的影响规律，并据此建立应力—应变关系。

2. 无捻植物纤维增强复合材料偏轴拉伸非线性研究

制备无捻剑麻/环氧复合材料单向板，进行切割，得到需要的偏轴方向试样，纤维方向与加载方向夹角分别为 0°、15°、30°、45°、90°，进行拉伸试验，得到偏轴拉伸试验数据。

前人大量地研究了碳纤维、玻璃纤维增强环氧树脂复合材料偏轴拉伸时的非线性力学行为，在研究无捻剑麻/环氧复合材料时，可以充分借鉴碳纤维、玻璃纤维增强复合材料的力学性能分析方法。这部分研究工作可为接下来对加捻植物纤维复合材料偏轴拉伸非线性力学行为的研究奠定基础，对这部分力学性能研究的重点是分析其偏轴非线性并建立本构方程。

3. 加捻植物纤维增强复合材料偏轴拉伸非线性研究

本部分以单向亚麻纤维织物和环氧树脂作为研究对象，制备加捻亚麻纤维单向织物增强环氧复合材料层合板，研究既加捻又偏轴拉伸的植物纤维增强复合材料的非线性力学行为。本部分的研究需要综合考虑和利用前面第 1、2 部分研究所得的结果，既要考虑作为增强材料的纤维加捻又要考虑偏轴拉伸。本部分还利用文献中的试验结果，来进一步分析其物理机理并建立本构关系，力求进行理论创新。

4. 植物纤维增强复合材料非线性力学行为的数值模拟

本部分利用 ABAQUS 对亚麻纤维增强复合材料的偏轴拉伸力学行为进行数值模拟，并与试验结果进行对比。

1.6.3 创新点

本书的创新点主要体现在以下两处：

（1）建立考虑植物纤维加捻特点，把表面捻转角作为一个参数的、适用于植物纤维增强复合材料的应力—应变关系模型，该模型表征的是应力、应变、表面捻转角三者的关系。

（2）建立既考虑加捻影响又考虑偏轴拉伸影响的植物纤维增强复合材料非线性力学通用模型，为后续研究奠定基础。

第2章

加捻植物纤维增强复合材料纵向拉伸非线性研究

● 2.1　引言

为促进植物纤维复合材料的大规模工业化应用，目前主要通过加捻制备植物纤维连续纱线，然后编织植物纤维织物，再与树脂基体复合，制备连续植物纤维织物增强复合材料。显然，加捻是植物纤维复合材料区别于传统纤维复合材料的一个主要结构特征，研究加捻对植物纤维增强复合材料力学行为的影响十分必要。而前期的研究表明，该类复合材料的力学行为呈现明显的非线性特征[24-31]，而产生非线性力学行为的主要因素之一即为纤维的加捻。因此，针对加捻这一特征展开对复合材料非线性力学行为的研究是本章及本书研究最主要的出发点和创新点。

本章的工作主要是制作了剑麻纤维增强环氧树脂复合材料，并进行拉伸试验，在此基础上建立了基于植物纤维纱线表面捻转角、应力、应变三者关系的细观力学模型，该数学模型基于复合材料混合定律、经典层合板理论和修改的 Krenchel 方向效率因子[32]，并与试验结果进行对比，证明该模型的有效性。其中，还对比了方向效率因子中表面捻转角和平均捻转角对复合材料拉伸弹性模量影响的区别，证明模型中采用表面捻转角得到的结果与试验结果更为相符。另外，为进一步证实模型的正确性和有效性，本章还引用了文献数据进行验证，验证结果也与模型吻合较好。

●2.2　试验部分

2.2.1　原材料

本试验采用剑麻纤维（源自广西剑麻集团）作为增强材料。剑麻纤维质地坚韧、拉力强、耐摩擦，长度约为 800mm。

采用低分子量的琥珀色高粘度透明液体——环氧 618 树脂作为基体材料（源自上海科拉斯复合材料有限公司）。

选用甲基四氢苯酐 MeTHPA 作为固化剂、DMP-300 作为促进剂，树脂体系的组分配比为环氧树脂：固化剂：促进剂=100：80：1。

2.2.2　试验仪器

本章试验所用的试验仪器主要有高温平板热压机、万能材料力学性能测试机和其他常用设备。

2.2.3　试样制备

将剑麻纤维剪裁成长度为 400mm 左右的纤维段，过水理直，在 110℃下烘干 4h，进行打捻、铺层。采用模压工艺制备无捻与有捻（5 捻/10cm）的单向剑麻纤维增强复合材料板，固化温度为 115℃，固化时间为 2h，如图 2.1 所示。无捻与加捻单向复合材料板的纤维体积含量均为 63%左右，制得单向板后切割得到试样。图 2.2 为剑麻/环氧复合材料制备流程。

（a）剑麻纱线加捻　　　　　　　　　　（b）加捻剑麻纱线铺层

（c）加捻剑麻纱线增强环氧树脂复合材料单向板

图 2.1　剑麻纤维铺层及其单向复合材料板

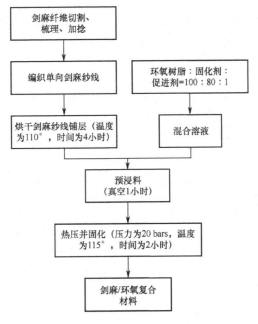

图 2.2 剑麻/环氧复合材料制备流程

注：1bar=0.1Pa。

2.2.4 纵向拉伸试验

单向植物纤维增强复合材料的纵向拉伸试验根据 ASTMD3039/D3039M-08 标准进行，加载速率为 1.0mm/min，试样尺寸为 250mm×15mm×1mm。

试验所需获取的数据为无捻与加捻试样在纤维方向上的应力与应变的对应关系。

● 2.3 结果与讨论

2.3.1 加捻剑麻/环氧复合材料纵向拉伸非线性力学行为

图 2.3 给出了无捻和加捻时剑麻纤维增强环氧复合材料的纵向拉伸应力—应

变曲线（注：仅给出小应变范围的部分，后面其他各章的研究类似，第1章研究思路部分给出了原因）。可以看出，无捻复合材料纵向拉伸应力—应变关系呈现线性，而加捻复合材料则显示出明显的非线性，且曲线的斜率一直在变化，而当应变达到一定值后，又变为线性（出现转折点，定义为 S）。

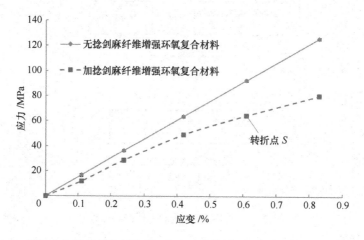

图2.3　无捻和加捻时剑麻纤维增强环氧复合材料的纵向拉伸应力—应变曲线

通过对比无捻与加捻剑麻纤维增强复合材料的应力—应变曲线，可以看出，加捻后的复合材料弹性模量减小，显然加捻纵向拉伸的非线性主要是由加捻引起的，而加捻是使植物纤维成为连续纱线的必要手段，加捻的目的是将纤维或长丝束捻合成具有一定物理机械性能和不同结构形态的单纱或股线，形成一定的捻转角，纤维束中的各纤维丝捻转程度有所不同。

加捻前一般需要将散纤维捻转成纤维束，加捻后可使纤维束的外层纤维向内层挤压产生向心压力，从而使纤维束沿纤维的长度方向获得摩擦力。进行加捻时，位于加捻三角区的边沿纤维向心压力最大，会克服纤维间的阻力，向内部转移；而位于内层的纤维，会受到挤压向外转移，部分纤维在转移过程中会改变方向，最终呈现螺旋形，随着荷载的增加，螺旋形的纤维束结构发生旋转。在复合材料中也是如此，加载过程中，纤维束的旋转造成了纤维与基体的开裂，复合材料中纤维束结构的这一几何变化将对复合材料的力学行为产生影响，导致其呈现非线性。

随着载荷的继续增加，由于纤维与基体间界面的不断开裂，基体对于纤维束变形的约束作用下降，即复合材料板变形的能力随着加载而增强，因此，弹性模量作为表征变形能力的弹性常数，随之呈现下降趋势。此时，纤维束继续解捻（收紧），直到无法继续解捻，到了加载后期，非线性力学行为不再出现，又开始呈现线性（此时出现图 2.3 所示的转折点 S）。

另外，在相同加载情况下，捻度越大，复合材料强度越低，无捻时的纵向拉伸强度最大，为 200MPa 左右[28]，加捻剑麻纤维增强复合材料比无捻剑麻纤维增强复合材料先达到破坏。

2.3.2　基于分段函数的单向加捻植物纤维增强复合材料纵向拉伸模型

如上文所述，由于加捻引起的植物纤维复合材料力学性能的变化，包括强度和杨氏模量，其应力—应变曲线呈现出明显的非线性。

截至目前，研究者们没有直接建立有关应力、应变和纱线加捻之间的数学模型，而该模型尤其是组分模型对于表征植物纤维复合材料的非线性力学行为有着重要的意义。考虑到加捻植物纤维复合材料纵向拉伸的试验结果，抓住转折点 S 这个重要特征，本书考虑采用分段函数对其非线性力学行为进行建模，构建基于分段函数的表征应力、应变和加捻程度三者关系的唯象模型。

1. 理想加捻纤维纱线和表面捻转角

在前人的研究中，通常使用短纤维纱线作为增强材料，其结构上要比长纤维（连续纤维）纱线更加复杂。它们的中心更紧密地包裹，短纤维纱线比其他长纤维纱线更容易移动。因此，Hearle 等人[36]把理想短纤维纱线假定为没有纤维移动和微小弯曲发生，也假定短纤维纱线由大量有限长度的纤维组成，并具有圆形横截面，纱线中纤维在空间分布和组成上都是统一的，而且纤维沿着相同的半径和角度螺旋上升。所有这些螺旋每单位长度具有相同数量的捻度，每根纤维的径向位置是固定的、具有相同的尺寸和特征，以便使纱线中的单根纤维不会移动，并且它们在力学上都呈现弹性特征并严格遵守胡克定律和Amonton摩擦定律，同时纤维间垂直于轴向任何一点的横向应力都小到可以被忽略。

为构建短纤维纱线增强复合材料的有效模型，Shah等人在他们的研究中也接受了理想纤维纱线模型的假设[32]。Gegauff[37]也利用这些假设调研了纤维表面捻转角对长纤维纱线拉伸模量的影响。

大多数植物纤维相对较长，尤其是剑麻纤维，这意味着剑麻纱线可以被当作长纤维丝纱线。为了重点探讨纱线加捻的影响，本章采用加捻剑麻长纤维纱线而不是短纤维纱线，纱线的模型采用上面提及的理想化模型[36]。

表面捻转角 θ （见图 2.4）为单位长度的相对值，可以按照式（2.1）[21]采用捻度 T、纱线线密度 tex、纤维密度 ρ 和纱线填充率 ϕ 来计算得到。式（2.1）中捻度 T 为捻的数量，等于 $1/L$（L 为每捻的纱线长度）。

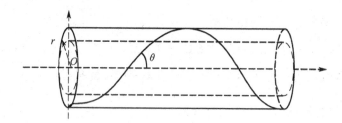

图 2.4　理想化纱线模型的表面捻转角

$$\theta = \tan^{-1}\left[10^{-3}T\sqrt{4\pi\frac{tex}{\rho\phi}}\right] \tag{2.1}$$

Pan[38]提出一个半经验公式，用于描述纱线填充率 ϕ 和捻度 T 之间的关系

式（2.2），纱线填充率 ϕ 表示纤维横截面积占纱线横截面积的百分比，即

$$\phi = 0.7\left(1 - 0.78e^{-0.195T}\right) \tag{2.2}$$

2. 植物纤维增强复合材料的分段函数唯象模型

Hahn 和 Tsai 等人证实单向复合材料在平面应力状态下，相对剪切项，正应力引起的非线性可以忽略，其适用范围有限，如仅适用于纵向和横向且都是线性的[16]。本书研究的复合材料，加捻将导致纵向非线性变形，而由加捻引起的横向响应（很可能也是非线性的）不作为本书研究范围，为简化计算，假定横向线性。另外，基于经典层合板理论，横观各向同性复合材料线弹性应力—应变关系，即

$$\varepsilon_1 = S_{11}\sigma_1 \tag{2.3}$$

式中，下标 1 表示纤维纵向，S 表示柔度系数，ε 为应变，σ 为应力。

由式（2.3）可知，若柔度系数为常数，应力—应变间的关系将为线性。然而，对于植物纤维增强复合材料，此时却表现出非线性特征。Shah 等人发现，当应变小于 0.5% 左右时，亚麻纤维增强聚酯复合材料显示非线性特征，而且刚度也不断变化，随后进入线性的力学行为[21]。单向植物纤维复合材料沿纤维方向的非线性纵向拉伸力学行为可以解释为纱线脱捻、纤维移动和转动。当受沿纤维方向的拉伸载荷时，纱线表面捻转角减小直到维持在一个相对固定的值，因为受拉伸的纱线紧密抽紧像一根直线，并且不再变化，此时，复合材料应力—应变曲线从非线性变化为线性。基于这个机理，假定 Shah 等人得出的结论能被应用到所有的植物纤维增强复合材料中，式（2.4）给出了包含表面捻转角 θ、用于表征非线性部分的函数关系式，即

$$\varepsilon_1 = \varepsilon_1(\sigma_1, \theta) = \sigma_1 / E_t(\theta) \tag{2.4}$$

式中，$E_t(\theta)$ 是植物纤维复合材料的变割线模量且 $0 \leqslant \varepsilon_1 \leqslant e$（$e$ 为常数，定义为

阈值，为转折点 S 处的应变，代表应力—应变曲线由非线性转为线性，该值很小，通常小于 1%[21]）。

当 $\varepsilon_1 > e$ 时，表面捻转角变为常数，使复合材料的刚度或柔度为一个常数，此时应力—应变关系可以采用式（2.3）表示。

至此，在平面应力下植物纤维增强复合材料拉伸断裂前的初始应力—应变模型可以用式（2.5）的分段函数来表示，即

$$\varepsilon_1 = \begin{cases} \varepsilon_1(\sigma_1, \theta) & 0 \leqslant \sigma_1 \leqslant \sigma_1(e) \text{ , } \theta_e < \theta \leqslant \arctan 2\pi r_o T_o \\ S_{11}\sigma_1 & \sigma_1 > \sigma_1(e) \text{ , } \theta = \theta_e \end{cases} \tag{2.5}$$

式中，$\sigma_1(e)$ 为函数 $\sigma_1(\varepsilon_1)$ 在 $\varepsilon_1 = e$ 时的阈值，$\varepsilon_1(\sigma_1, \theta)$ 为单调函数，θ_e 是转折点 S 处 $\varepsilon_1 = e$ 时的表面捻转角，r_o 和 T_o 分别是纱线初始表面半径和初始捻度，阈值 e 可以通过求解拉伸试验拟合得到的应力—应变多项式方程的一阶或多阶导数获得。

另外，分别定义 E_{ut} 和 $E_t(\theta)$ 为无捻和加捻植物纤维增强复合材料纵向拉伸模量，可以得到两者的纵向应变差 $\Delta\varepsilon_1$，即

$$\Delta\varepsilon_1 = \varepsilon_t - \varepsilon_{ut} = \frac{\sigma_1}{E_t(\theta)} - \frac{\sigma_1}{E_{ut}} = \varepsilon_1(\sigma_1, \theta) - S_{11}\sigma_1 \tag{2.6}$$

众所周知，混合律是计算复合材料属性时最简单和最广泛使用的规律。Summerscales 等人[40]提出了适用于短纤维增强复合材料的修正强度混合律公式，即

$$\sigma = (\eta_l\eta_o\eta_d V_f\sigma_f + V_m\sigma_m)(1 - V_p)^2 \tag{2.7}$$

式中，V_p 为孔隙率因子，η_l 为纤维长度和界面因子，η_o 为纤维方向分布因子，η_d 为纤维直径分布因子。

本章采用 Summerscales 的修正混合律公式（2.8），用于计算无捻植物纤维增

强复合材料拉伸模量，即

$$E_t(\theta) = (\eta_l \eta_o \eta_d E_{uty} V_y + E_m V_m)(1 - V_p)^2 \tag{2.8}$$

式中，下标 *uty* 表示无捻纱线，V_y 和 V_m 分别表示纱线和基体的体积分数，E_m 指基体的模量。

考虑到纤维直径、长度和低孔隙率（在制造时产生，通常小于 2%）对复合材料模量的微小影响[31-32]，它们的影响忽略不计，于是假定 $V_p = 0$ ，$\eta_d = 1$ 和 $\eta_l = 1$，这样式（2.8）被简化成式（2.9），即

$$E_t(\theta) = \eta_o E_{uty} V_y + E_m V_m \tag{2.9}$$

与 Summerscales 的研究中对于 η_o 的定义和假设相同，方向因子 η_o 与纤维的加捻密切相关，当植物纤维没有加捻时，$\eta_o = 1$。此时，式（2.9）被进一步简化为式（2.10），即

$$E_t(\theta) = E_{uty} V_y + E_m V_m = E_{ut} \tag{2.10}$$

当植物纤维被纺成纱线时，纤维方向随着加捻不断变化，因此，$\eta_o \neq 1$，此时植物纤维复合材料的模量将按照式（2.9）进行计算。

Pan[41]发现把 η_o 定义为 $\cos^2 2\theta$ 要比定义为 $\cos^2 \theta$ 在计算短纤维纱线模量的时候与试验结果更加符合（θ 为表面捻转角）。Shah 等人[32]也通过对比使用 $\cos^2 2\theta$ 和 $\cos^2 \theta$ 计算得到了单向植物纤维增强复合材料的强度值，也证实了 $\cos^2 2\theta$ 在计算强度时与试验值更加符合。因此，在本章的建模中，也设定 $\eta_o = \cos^2 2\theta$，如式（2.11）所示，即

$$E_t(\theta) = \cos^2 2\theta E_{uty} V_y + E_m V_m \tag{2.11}$$

将式（2.11）代入式（2.6）得到式（2.12），即

$$\sigma_1\left(\frac{1}{\cos^2 2\theta E_{uty}V_y + E_m V_m} - \frac{1}{E_{uty}V_y + E_m V_m}\right) = \varepsilon_1(\sigma_1,\ \theta) - S_{11}\sigma_1 \qquad (2.12)$$

式中，无捻纱线的柔度 S_{11} 可以表示为

$$S_{11} = \frac{1}{E_{ut}}$$

将 S_{11} 代入式（2.12）中，得

$$\sigma_1\left(\frac{1}{\cos^2 2\theta E_{uty}V_y + E_m V_m} - \frac{1}{E_{uty}V_y + E_m V_m}\right) = \varepsilon_1(\sigma_1,\ \theta) - \frac{\sigma_1}{E_{uty}V_y + E_m V_m}$$

即

$$\varepsilon_1(\sigma_1,\ \theta) = \frac{\sigma_1}{\cos^2 2\theta E_{uty}V_y + E_m V_m} \qquad (2.13)$$

式（2.13）即表述了加捻植物纤维增强复合材料纵向拉伸应变。

从而，单向植物纤维增强复合材料纵向拉伸应力—应变关系可以用式（2.14）表示，其中 θ、E_{uty}、V_y、V_m、E_m 可以通过试验测得，θ 可以采用式（2.1）或式（2.15）计算得到，即

$$\sigma_1 = (\cos^2 2\theta E_{uty}V_y + E_m V_m)\varepsilon_1(\sigma_1,\ \theta) \qquad (2.14)$$

$$\theta = \arctan(2\pi r T) \qquad (2.15)$$

于是，植物纤维增强复合材料最终的拉伸应力—应变关系可以用式（2.16）表达，该公式中包含了表达纤维加捻的参数——表面捻转角。

$$\varepsilon_1 = \begin{cases} \dfrac{\sigma_1}{\cos^2 2\theta E_{uty}V_y + E_m V_m} & 0 \leqslant \sigma_1 \leqslant \sigma_1(e) , \; \theta_e < \theta \leqslant \arctan 2\pi r_o T_o \\[4mm] \dfrac{\sigma_1}{\cos^2 2\theta_e E_{uty}V_y + E_m V_m} & \sigma_1 > \sigma_1(e) , \; \theta = \theta_e \end{cases}$$

$$(2.16)$$

3. 结果与讨论

按照式（2.14），代入试验数据可以计算加捻剑麻纤维增强环氧树脂复合材料的拉伸模量，其中 $V_y = 0.63$ ， $V_m = 1 - V_y = 0.37$ ， $E_m = 3.08$ GPa[41]， $E_{uty} = 15.32$ GPa， $T_o = 50$ 捻/m， $r_o = 1$ mm。

因此，初始表面捻转角 $\theta_o = \arctan(2\pi r_o T_o) = 17.44°$ ，方向因子 $\cos^2 2\theta_o = 0.67$ 。

把方向因子代入式（2.11）中的 $E_t(\theta)$ ，可以得到加捻剑麻纤维增强环氧树脂复合材料的初始拉伸模量 $E_{to}(\theta)$ ， $E_{to}(\theta) = \cos^2 2\theta_o E_{uty}V_y + E_m V_m = 7.63$ GPa。

在计算时使用表面捻转角，在前人的研究中也提及和使用平均捻转角[77]，平均捻转角 θ_{mean} 定义为

$$\theta_{mean} = \theta + \frac{\theta}{\tan^2 \theta} - \frac{1}{\tan \theta}$$

$$(2.17)$$

式中， θ 为表面捻转角，把初始表面捻转角 θ_o 代入式（2.17）得 $\theta_{mean} = 11.77°$ 。

利用 θ_{mean} 计算得到加捻剑麻纱线增强环氧树脂复合材料的拉伸模量 E_t' 为

$$E_t(\theta)' = \cos^2 2\theta_{mean} E_{uty}V_y + E_m V_m = 9.25 \text{ GPa}$$

然而，初始试验模量值 $E = 10.672$ Gpa， $E_t(\theta)'$ 比 $E_{to}(\theta)$ 大，但更接近试验值。因此，需要进一步讨论平均捻转角 θ_{mean} 在计算复合材料拉伸模量时是否比表面捻转角 θ 更适用。

Ma 等人[31]研究了纤维加捻对剑麻纤维纱线及其复合材料力学性能的影响，提供了不同捻度的表面捻转角和平均捻转角及其相应的力学性能数据。把这些数据代入式（2.11），采用表面捻转角和平均捻转角计算得到复合材料拉伸模量的对比列于表 2.1 和图 2.5 中，可以发现采用表面捻转角计算的拉伸模量与试验结果更吻合。纤维捻度越高，采用平均捻转角计算得到的数值与试验值差距越大，可以断定，采用表面捻转角计算的拉伸模量更为精确。

表 2.1　采用表面捻转角和平均捻转角计算得到的拉伸模量对比

T_o(捻/m)	$\theta_0/°$	η_o/θ	$\theta_{mean}/°$	$\eta_o(\theta_{mean})$	E_{uty}/GPa	V_y	E_m/GPa	$E_t(\theta)$/GPa	$E'_t(\theta)$/GPa	E/GPa
150	25.89	0.38	17.994	0.65	33.65	0.65	2.91	10.59	17.38	9.85
90	16.24	0.71	11.285	0.85	33.65	0.65	2.91	18.81	22.33	18.28
60	10.98	0.86	7.636	0.93	33.65	0.65	2.91	22.52	24.28	22.02
20	3.70	0.98	2.135	0.99	33.65	0.65	2.91	25.6	25.88	24.06
0	0	1	0	1	33.65	0.65	2.91	22.89	22.89	24.32

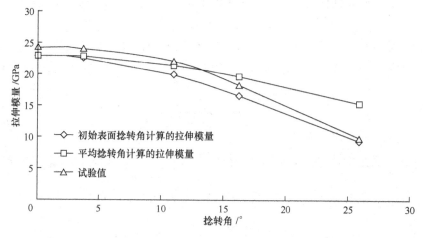

图 2.5　初始表面捻转角、平均捻转角计算的拉伸模量与试验值对比

将试验得到的单向加捻剑麻纤维增强环氧树脂复合材料轴向拉伸的应变—应力和应力—应变进行多项式拟合得到拟合曲线如图 2.6 所示，拟合方程分别用式（2.18）和式（2.19）表示，其中图 2.6（a）的应变—应力曲线是出于适应分段函数模型而绘制的，以方便计算阈值。

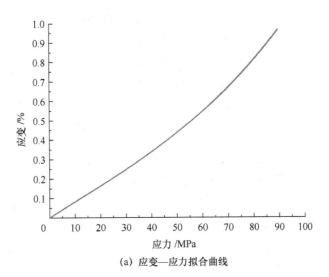

(a) 应变—应力拟合曲线

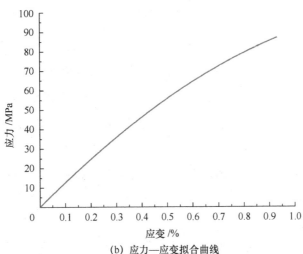

(b) 应力—应变拟合曲线

图 2.6　单向加捻剑麻纤维增强环氧树脂复合材料轴向拉伸的应力—应变拟合曲线

$$\varepsilon_1 = 4.12 \times 10^{-4} \sigma_1 + 1.45 \times 10^{-4} \sigma_1^2 - 5 \times 10^{-7} \sigma_1^3 \tag{2.18}$$

$$\sigma_1 = 179.52\varepsilon_1 - 134.3\varepsilon_1^2 + 55\varepsilon_1^3 \tag{2.19}$$

为获得最小应变，$\sigma_1(\varepsilon_1)$ 的一阶导数为

$$\sigma_1' = 165\varepsilon_1^2 - 268.6\varepsilon_1 + 179.52 \tag{2.20}$$

通过求解式（2.20）的最小值，可以得到最小应变和最小模量分别为 0.81% 和 9.467GPa，即阈值 $e = 0.0081$，$\sigma_1(e) = \sigma_1(0.0081) = 76.68 \, \text{MPa}$，$S_{11} = 1.056 \times 10^{-4}$ GPa^{-1}，把 $\sigma_1(e)$ 代入式（2.14）中，$\theta_e = \theta_{0.0081} = 10.87°$。

至此，代入相关参数，式（2.16）表述的剑麻纤维增强环氧树脂复合材料纵向拉伸力学行为的方程可以具体为式（2.21），即

$$\varepsilon_1 = \begin{cases} \dfrac{\sigma_1 \times 10^{-3}}{\sqrt{(9.65\cos^2 2\theta + 1.14)^2 - 1}} & 0 \leqslant \sigma_1 \leqslant 76.68\text{MPa}, \, 10.87° < \theta \leqslant 17.44° \\ 1.056 \times 10^{-4}\sigma_1 & \sigma_1 > 76.68\text{MPa}, \, \theta = 10.87° \end{cases}$$

$$\tag{2.21}$$

对分段函数方程式（2.21）的验证方法是把极限值 θ=17.44°代入分段函数的第一段，其计算结果显示与试验值相吻合。图 2.7 给出了采用 MATLAB 编程绘制的表面捻转角（图中采用弧度）、应力、应变三者的三维关系图，该图把表面捻转角对应力、应变的影响显示出来，可以看出随着应变的增大，应力也增大；随着表面捻转角的增大，应变和应力都增大，该图为带有一定偏转的平面，有一定的扭曲，正是表明了材料在纵向拉伸时的非线性特征。

前面，对加捻剑麻纤维增强环氧树脂复合材料的纵向拉伸非线性力学行为建立了数学模型，得到模拟结果，并与试验数据进行比对（由于模拟的是三维关系图与试验应力—应变二维关系图不能直接对比，可采用单个数据代入后进行对比，如前面提到的极限值 θ=17.44°检验结果），模型模拟结果与试验结果吻合。

为了进一步说明该模型的有效性，本章引用了 Shah 在 2012 年发表的一篇论文[35]中苎麻增强不饱和聚酯的相关试验数据（见表 2.2），将其代入模型中进行

检验，摘录的文献数据有：$E_y = 44\text{GPa}$，$E_m = 3.7\text{GPa}$，$V_y = 37.2\%$，$V_m = 62.8\%$，$T_0 = 190$ 捻/m，$r_0 \approx 0.5\text{mm}$，由于采用铺五层的苎麻/聚酯复合材料单向板的厚度是 3.5mm、单层厚度为 0.7mm，所以估算热压前单层苎麻纱线的半径为 0.5mm。根据这些数据和相关公式可以计算得到无捻苎麻纱线的弹性模量 $E_{uty} = 58.3\text{GPa}$，将其代入式（2.11）得到复合材料初始弹性模量 $E_{to}(\theta) = \cos^2 2\theta_o E_{uty} V_y + E_m V_m = 18.69\text{GPa}$。这与试验值 18GPa 非常接近，说明基于方向因子 $\cos^2 2\theta_o$ 的混合律公式计算结果准确。

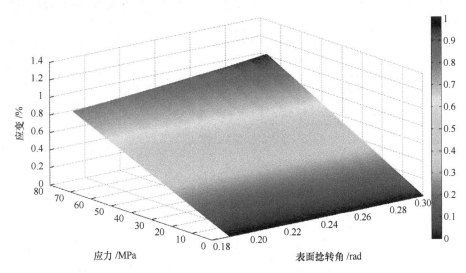

图 2.7　加捻剑麻纤维增强环氧树脂复合材料纵向拉伸表面捻转角、
应力、应变三维关系图

表 2.2　苎麻/聚酯复合材料单向板相关模型参数

T_o/(捻/m)	θ_o/°	$\eta_o(\theta)$	r_o/mm	E_{uty}/GPa	V_y	E_m/GPa	$E_{to}(\theta)$/GPa	E/GPa
190	30.83	0.225	0.5	58.3	0.372	3.7	18.69	18

　　针对复合材料纵向拉伸试验得到的应力—应变关系曲线进行非线性多项式曲线拟合，如图 2.8 所示。拟合结果表明复合材料在拉伸初期（小应变）时呈现明显的非线性，达到某一应变时呈现线性，与前面得到的剑麻纤维增强复合材料类似，因此也适用于前面构建的分段函数模型。

该拟合曲线的判定系数 $R^2 = 0.99994$，多项式方程为

$$\sigma_1 = 0.38 + 203.38\varepsilon_1 - 146.33\varepsilon_1^2 + 122.53\varepsilon_1^3 - 33.68\varepsilon_1^4 \qquad (2.22)$$

通过求解式（2.22）的二阶导数[本例采用二阶导数是因为拟合方程式（2.22）是四阶导数，需要降阶处理]的极值，得到此时的应变值为 0.9%，即阈值 $e = 0.009$，$\sigma_1(e) = \sigma_1(0.009) = 133.52\,\text{MPa}$，把 $\sigma_1(e)$ 代入式（2.14），$\theta_e = \theta_{0.009} = 14.85°$。

与前面类似，代入相关参数，式（2.16）表述的苎麻/聚酯复合材料纵向拉伸力学行为的方程可以具体为式（2.23），即

$$\varepsilon_1 = \begin{cases} \dfrac{\sigma_1 \times 10^{-3}}{\sqrt{(21.7\cos^2 2\theta + 2.52)^2 - 1}} & 0 \leqslant \sigma_1 \leqslant 133.52\,\text{MPa}，14.85° < \theta \leqslant 30.83° \\ 4.98 \times 10^{-3}\sigma_1 & \sigma_1 > 133.52\,\text{MPa}，\theta = 14.85° \end{cases}$$

$$(2.23)$$

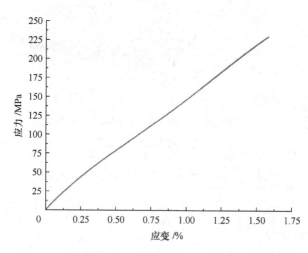

图 2.8　苎麻/聚酯复合材料纵向拉伸应力—应变拟合曲线

式（2.23）对应利用 MATLAB 工具绘制的苎麻/聚酯复合材料单向板纵向拉伸表面捻转角、应力、应变三者的三维关系图，如图 2.9 所示。该图表明，在初始拉伸阶段，应力—应变关系曲线受到表面捻转角的影响，三者关系呈现明显的

扭曲关系，而不是无捻时或者表面捻转角为定值时的平直平面，该扭曲图形也表明复合材料在初始纵向拉伸时的非线性特征。

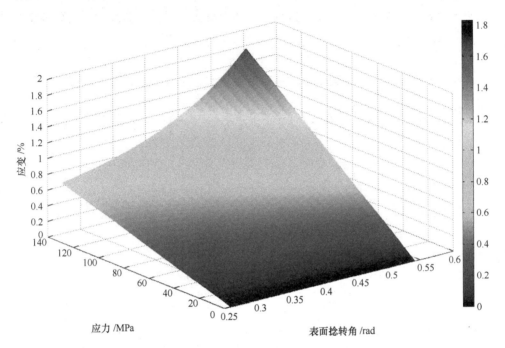

图 2.9　苎麻/聚酯复合材料单向板纵向拉伸表面捻转角、应力、应变三维关系图

●2.4　本章小结

本章抓住植物纤维在被用于制备复合材料时需要加捻的特征，展开了试验和理论分析，分别制备了无捻和加捻剑麻纤维增强环氧树脂复合材料板，并进行纵向拉伸试验。本章根据纤维加捻复合材料试验结果的非线性特征，进行了加捻对复合材料力学行为影响的机理分析，并据此提出了基于分段函数的植物纤维增强复合材料唯象模型，通过对试验数据的拟合，得出具体模型，模型计算结果与试验结果吻合。其中，还对比了用表面捻转角与平均捻转角计算得到的模型结果，得出采用表面捻转角作为表征植物纤维加捻特性的特征参数更为精确的结论。同

时，引用 Shah 等人针对苎麻/聚酯复合材料单向板的纵向拉伸试验结果，再次验证本章分段函数模型的正确性。由于分段函数模型给出的是表面捻转角、应力、应变三者的三维关系图，而试验数据是应力—应变二维关系曲线，不能直接比对结果，只能采用单个数据进行检验。

本章的研究对于后续建立单向植物纤维增强复合材料非线性力学行为的本构模型奠定了基础。

第3章

无捻植物纤维增强复合材料偏轴拉伸非线性研究

● 3.1　引言

传统纤维增强复合材料在偏轴拉伸时表现出明显的非线性，这在金属基复合材料及热塑性高分子复合材料中表现尤为突出，其主要原因是剪切应力及基体材料的非线性[78-80]。植物纤维增强复合材料是否也存在类似的现象和机理？为此，本章主要研究植物纤维增强热固性树脂复合材料偏轴拉伸的现象、机理及其理论。

本章制作了单向无捻剑麻纤维增强环氧树脂复合材料试样，进行偏轴拉伸试验，由试验入手，观察试验现象，分析其机理，并在试验结果的基础上利用 Sun

的单参数模型建立起在偏轴拉伸载荷下的非线性本构关系，得到理论结果并与试验数据进行对比以验证其有效性。

3.2 试验部分

3.2.1 原材料

本章试验所用增强材料与第 2 章中的相同，为无捻剑麻纤维（源自广西剑麻集团）。树脂采用双酚 A 型环氧树脂 E-51，其环氧值为 0.48～0.54，所用固化剂为甲基四氢苯酐 MeTHPA，其分子量为 166，固化剂用量可通过以下方法计算，即

$$酐用量 = M \times G/100$$

所用促进剂为 DMP-30。环氧树脂体系各组分的比例为环氧树脂：固化剂：促进剂=100：80：1。

3.2.2 试验仪器

本章所用试验仪器与第 2 章中的相同。

3.2.3 试样制备

将剑麻纤维剪成长度为 550mm 左右的纤维段，过水理直，在 110℃下烘干 4h，然后进行铺层。在 125℃的温度下，通过热压工艺固化 2h，制备单向剑麻纤维增强复合材料。

3.2.4 偏轴拉伸试验

对制备的复合材料进行切割，得到需要的偏轴方向试样（见图 3.1），纤维方

向与加载方向夹角分别为 0°、15°、30°、45°和 90°。

图 3.1　偏轴角依次为 0°、15°、30°、45°和 90°的试样

试样大小根据 ASTM D3039/D3039M-08 标准推荐切割获得，具体尺寸如表 3.1 所示。

表 3.1　不同偏轴角拉伸试样的尺寸

偏轴角	宽度/mm	长度/mm	厚度/mm
0°	15	250	1
90°	25	175	2
15°、30°、45°	25	250	2.5

拉伸试验根据 ASTM D3039/D3039M-08 标准进行，拉伸加载速率设定为 1mm/min，采样频率为 5Hz。试验所需获取的数据为 0°、15°、30°、45°、90°的试样在加载方向上的应力与应变的对应关系。采用应变片测量应变，在试样正反两面分别贴上纵向与横向的应变片，使用焊接仪将导线焊接在试样上，导线另一头连接至应变仪，如图 3.2 所示。

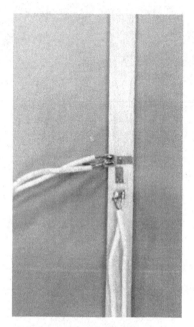

图 3.2　贴有应变片的试样

● 3.3　结果与讨论

3.3.1　无捻剑麻纤维增强环氧树脂复合材料偏轴拉伸非线性力学行为

通过上述试验得到不同偏轴加载角度的复合材料应力—应变关系曲线，如图 3.3 所示。可以看出，在 0°拉伸与 90°拉伸时，应力—应变呈线性关系，而在 15°、30°、45°拉伸时，呈现出明显的非线性关系，其中 45°拉伸时的非线性最为明显。其主要原因是：0°拉伸时主要是沿纤维方向承载，90°拉伸时主要是基体承载，根据纤维材料和基体材料本身性质可认为其呈线性关系。而在 15°、30°和 45°偏轴拉伸时，在剪切应力的作用下纤维发生转动和移动，从而导致复合材料拉伸的非线性力学行为。

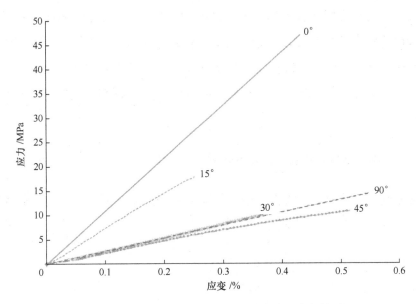

图 3.3　不同偏轴角下复合材料拉伸应力—应变关系

　　另外，从图 3.3 中还可以看出，随着偏轴角的增大，拉伸和剪切的耦合效应增强，偏轴拉伸试样的轴向刚度退化加快，且强度明显低于正轴拉伸试件，原因是试件在偏轴拉伸加载时，存在垂直于轴向拉伸载荷的基体微裂纹，非弹性应变的演化加快，轴向拉伸应力逐渐降低。在同等加载情况下，植物纤维强度比之于碳纤维增强复合材料单向板的强度低，在小变形时，植物纤维增强热固性树脂复合材料的非线性不是特别明显[81-82]。

3.3.2　基于单参数的单向植物纤维增强复合材料偏轴拉伸非线性分析

　　单向复合材料根据面内受力的方向，主要分为是轴向受力和偏轴受力两种，而其力学行为的特殊性在偏轴承载情况时表现得尤为突出，同时由于外界环境的复杂，材料偏轴承载实际上是最为常见的形式。

　　由 Sun 和 Chen[18]提出的带单参数的简化塑性势能函数已被 Sun 和 Yoon[61]成

功地用于描述复合材料在不同温度下的弹塑性特性。Sun 和 Chen 提出的这个带单参数的塑性模型是比较有代表性的，同时这一模型也被国内外众多学者引用及优化，Sun 的理论在偏轴拉伸载荷作用时得到了比较成功的应用[83-87]。本章拟采用 Sun 的单参数模型来分析植物纤维增强复合材料的偏轴拉伸非线性力学现象。

下面给出 Sun 的单参数模型在偏轴拉伸中的应用。

设在偏轴拉伸时，x 轴作为施加载荷的单一加载方向，同时与纤维主方向（1 方向）的夹角为 α，即偏轴角为 α，则有

$$\begin{cases} \sigma_{11} = \cos^2 \alpha \sigma_x \\ \sigma_{22} = \sin^2 \alpha \sigma_x \\ \sigma_{12} = -\sin \alpha \cos \alpha \sigma_x \end{cases} \tag{3.1}$$

式中，σ_x 为外加应力，此时有

$$\begin{cases} \bar{\sigma} = h(\alpha)\sigma_x \\ \mathrm{d}\bar{\varepsilon}^p = \dfrac{2}{3}\bar{\sigma}\mathrm{d}\lambda \end{cases} \tag{3.2}$$

式中，α 为偏轴角，$\bar{\sigma}$ 为有效应力，$\bar{\varepsilon}^p$ 为有效塑性应变，并设 $h(\alpha) = \sqrt{\dfrac{3}{2}(\sin^4 \alpha + 2a_{66} \sin^2 \alpha \cos^2 \alpha)}$，其中 a_{66} 为常数。

根据坐标变换准则，可得

$$\mathrm{d}\varepsilon_x^p = \cos^2 \alpha \mathrm{d}\varepsilon_{11}^p + \sin^2 \alpha \mathrm{d}\varepsilon_{22}^p + \frac{1}{2}\sin 2\alpha \mathrm{d}\gamma_{12}^p \tag{3.3}$$

式中，$\mathrm{d}\varepsilon_x^p$ 为在 x 轴方向测得的非线性应变增量，利用式（3.1），从式（3.3）可得

$$\mathrm{d}\varepsilon_x^p = [(\sin^4 \alpha + 2a_{66}\sin^2 \alpha \cos^2 \alpha)]\sigma_x \mathrm{d}\lambda = \frac{2}{3}h^2(\alpha)\sigma_x \mathrm{d}\lambda \qquad (3.4)$$

从而可得

$$\mathrm{d}\overline{\varepsilon}^p = \frac{\mathrm{d}\varepsilon_x^p}{h(\alpha)} \qquad (3.5)$$

因此，对于偏轴拉伸这种简单加载方式而言，对 $\mathrm{d}\overline{\varepsilon}^p$ 积分，得到有效塑性应变为

$$\overline{\varepsilon}^p = \frac{\varepsilon_x^p}{h(\alpha)} \qquad (3.6)$$

通过上述简化，仅存在 a_{66} 这一特定参数。a_{66} 的取值原则是：使其在有效应力—有效塑性应变平面内所有的曲线最趋近于一条主曲线。

同时，根据试验结果，可以用一个幂函数来拟合有效应力—有效塑性应变曲线，即

$$\overline{\varepsilon}^p = A\overline{\sigma}^n \qquad (3.7)$$

式中，A、n 为常数。因此，在载荷方向上的总纵向应变为

$$\varepsilon_x = \frac{\sigma_x}{E_x} + \varepsilon_x^p = \frac{\sigma_x}{E_x} + h^{n+1}(\alpha)A\sigma_x \qquad (3.8)$$

式中，E_x 为偏轴拉伸时试样的弹性模量，可以从试验中获得，也可从变换公式（3.9）中获得，即

$$\frac{1}{E_x} = \frac{1}{E_1}\cos^4 \alpha + \left(\frac{1}{G_{12}} - \frac{2\mu_{12}}{E_1}\right)\sin^2 \alpha \cos^2 \alpha + \frac{1}{E_2}\sin^4 \alpha \qquad (3.9)$$

式中，E_1、E_2 为材料纵向和横向的弹性模量，μ_{12} 为材料在 1、2 平面的泊松比。

偏轴拉伸时载荷方向上的总应变可以拆分为弹性应变 ε_x^e 和塑性应变 ε_x^p，因此，$\varepsilon_x^p = \varepsilon_x - \varepsilon_x^e$，而弹性应变可由胡克定律计算得到，即

$$\varepsilon_x^e = \frac{\sigma_x}{E_x}$$

于是，式（3.8）即为表征单向纤维增强复合材料偏轴拉伸应力—应变的本构方程，也适用于无捻植物纤维增强复合材料。方程中的常数 A、n 和隐藏在 $h(\alpha)$ 中的参数 a_{66} 可以通过曲线拟合和利用最小二乘法获得。在计算 $h(\alpha)$ 时，需要对 a_{66} 在一定范围内试取不同值，取值原则是：a_{66} 对应不同纤维方向与载荷方向的夹角 α，所有的有效应力—有效塑性应变曲线同时趋向于一条主曲线。

对于形如 $\bar{\varepsilon}^p = A\bar{\sigma}^n$ 的关系式，可以利用形如 $y = m_1 x^{m_2}$ 的幂函数对所有不同角度偏轴拉伸时的有效应力—有效塑性应变进行拟合，其中，m_1、m_2 为待定参数。例如，对本研究得到的 45°偏轴拉伸试验曲线进行拟合时，a_{66} 的取值范围为从 1 开始，直至确定系数 R^2 逐渐收敛，并逼近 1。表 3.2 给出了幂函数拟合中 R^2 的收敛情况。

表 3.2　45°偏轴拉伸幂函数拟合中的 R^2 的收敛情况

a_{66}	R^2	a_{66}	R^2
1	0.84094	8	0.96622
1.1	0.85446	12	0.97095
2	0.91564	16	0.97322
3	0.93944	20	0.97455

a_{66} 取值为 1 时，R^2 取值仅为 0.84094，逐渐增加步距，发现当 a_{66} 取值为 12～20 时，R^2 取值相对稳定，为 0.97 左右，收敛效果较好，已经十分逼近 1。因此，选取 $a_{66} = 20$ 作为最优解，此时 $R^2 = 0.97455$，45°偏轴拉伸对应的拟合幂函数为 $y = 263.83x^{0.92684}$，最佳拟合结果如图 3.4 所示。

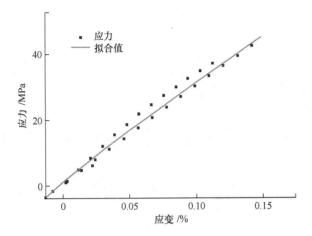

图 3.4　有效应力—有效塑性应变最佳拟合结果（$a_{66}=20$）

由于在选用的拟合函数 $y = m_1 x^{m_2}$ 中，m_1、m_2 均为待定参数，y 为有效应力，x 为有效塑性应变，对应式（3.7），可以计算得到式（3.10），即

$$\begin{cases} n = \dfrac{1}{m_2} \\ A = e^{\frac{\ln m_1}{m_2}} \end{cases} \tag{3.10}$$

因此，只需要代入相应的 m_1、m_2 值，即可得到 A 与 n 的取值，计算结果为：$n = 1.0789$，$A = 2.44 \times 10^{-3}$ MPa^{-n}。

类似地，根据式 $h(\alpha) = \sqrt{\dfrac{3}{2}(\sin^4 \alpha + 2a_{66} \sin^2 \alpha \cos^2 \alpha)}$，可以计算得到不同偏轴角对应的 $h(\alpha)$ 取值（见表 3.3）。

表 3.3　不同偏轴角对应的 $h(\alpha)$ 取值

$\alpha/°$	$h(\alpha)$	$\alpha/°$	$h(\alpha)$
0	0	45	4
15	1.54	90	3.4
30	3.57		

当偏轴角为 0° 时，$h(\alpha)$ 为 0，复合材料为沿纤维方向纵向拉伸，此时对于无捻剑麻纤维增强复合材料而言，不存在非线性力学行为，可以计算复合材料此

时的弹性模量 $E_x = E_1 = 10.7\text{GPa}$ 。

最后，根据式（3.8），可以得到不同偏轴角下的全应力—全应变的本构方程，其中，45°偏轴拉伸的本构方程为：

$$\varepsilon_x = \frac{\sigma_x}{E_x} + \varepsilon_x^p = \frac{\sigma_x}{E_x} + h^{n+1}(\alpha)A\sigma_x = \left[\frac{1}{E_x} + 2.44 \times 10^{-3} \times h^{2.0789}(\alpha)\right]\sigma_x \quad (3.11)$$

式中，E_x 的取值也可以由应力—应变曲线获得，其近似计算公式为

$$E_x = \frac{\sum\limits_{i=1}^{n} \dfrac{\sigma_x}{\varepsilon_x}}{n} \quad (3.12)$$

此处取 $n = 20$ 。

类似地计算不同偏轴拉伸时的情况，得到图 3.5～图 3.8，图中分别给出了 15°、30°、45°和 90°偏轴拉伸时，模型计算结果与试验结果的对比。由这些图可以看出，在应变小于 0.1%时，模型计算结果与试验结果较为吻合，之后误差开始增大，本书认为这是由于偏轴拉伸的弹性模量 E_x 的取值所致。若要更为精确的吻合效果，应该按照式（3.9）来计算 E_x 值，从而得到更好的模型精确度，由于缺少计算 E_x 值所需的各参数值，本书在此不再计算。

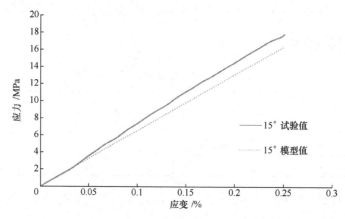

图 3.5　15°偏轴拉伸时模型计算结果与试验结果的对比

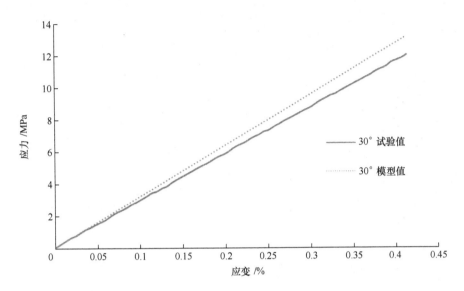

图 3.6　30°偏轴拉伸时模型计算结果与试验结果的对比

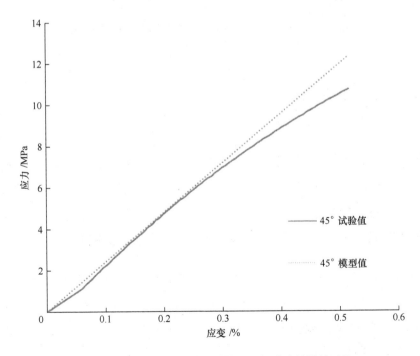

图 3.7　45°偏轴拉伸时模型计算结果与试验结果的对比

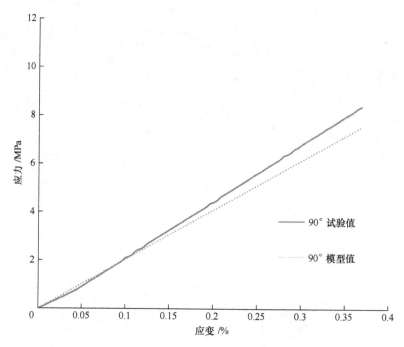

图 3.8　90°偏轴拉伸时模型计算结果与试验结果的对比

● 3.4　本章小结

本章首先制备了剑麻纤维增强环氧树脂复合材料单向板，并切割成与加载方向具有不同夹角的试样，进行了纵向拉伸试验。试验结果表明，植物纤维增强复合材料在纵向拉伸时表现出非线性力学行为，但从试验结果来看，在小应变情况下，非线性不是特别明显，仅在45°偏轴拉伸时非线性较为突出。

之后，本章基于试验结果，利用 Sun 的单参数模型对植物纤维增强复合材料的偏轴拉伸力学行为进行了建模。模型计算结果表明，在小应变情况下，模型模拟准确度较高，与试验结果符合得较好；当应变增大时，模型计算结果与试验结果出现了较大偏差。

　　另外，从试验和模型模拟结果可知，在同等加载时，由于植物纤维强度比之于传统纤维（如碳纤维）增强的复合材料单向板的强度低，在小变形情况下，植物纤维增强复合材料的非线性都不是特别明显，也可以认为，非线性表现较之于其他材料更不明显。本章的偏轴分析为第 4 章对既加捻又偏轴的亚麻纤维增强环氧树脂复合材料展开研究奠定了基础。

第4章
加捻植物纤维增强复合材料偏轴拉伸非线性研究

● 4.1 引言

偏轴拉伸非线性是研究植物纤维复合材料力学行为一个不可或缺的部分，要建立一个更加准确的力学模型，必须结合植物纤维自身的特点，从更加细观的角度去挖掘，即研究不同层次下植物纤维取向的特点，同时也要把植物纤维与传统纤维区分开来，这具有一定的创新性。

第 2 章分析了加捻对植物纤维增强复合材料非线性力学行为的影响，并建立了分段模型；第 3 章研究了无捻植物纤维增强复合材料偏轴拉伸下的非线性力学行为并建立了单参数模型；本章将在前两章的基础上，综合细观力学和宏观力学的方法，研究既加捻又偏轴拉伸时植物纤维复合材料的非线性力学行为。

本章综合考虑植物纤维微纤丝角、纱线表面捻转角和复合材料板的偏轴角，在三者复合情况下的非线性力学行为。本章构建了通用偏轴拉伸本构模型，给出了张量形式的表达式，并利用亚麻纤维单向织物增强环氧树脂复合材料 0°拉伸和 Shah 等人的文献数据验证了模型的有效性。

4.2　基于多层次角度的偏轴拉伸唯象模型

4.2.1　植物纤维增强复合材料偏轴拉伸时的多层次角度

1. 植物纤维的微纤丝角

由于植物纤维结构和组成的特殊性，其自身具有各向异性的力学特征，同时其复合材料也呈现明显的各向异性。

事实上，植物纤维本身就是一种复合材料，其主要组成成分是纤维素、半纤维素和木质素。构成植物纤维的最小单元——微纤丝，包含各向异性的结晶形态和无定形区，而微纤丝又被半纤维素、木质素等基体包裹。在韧皮纤维（如亚麻、大麻）中，结晶态的纤维素可以达到 70%[88]，而且其微纤维以螺旋状环绕着细胞壁，并不是平行于单纤维方向，而是与单纤维方向呈一定的夹角——微纤丝角。细胞壁分为初生壁和次生壁，其中次生壁又分成多层，每层的微纤丝角也不同[88,89]。如图 4.1（a）所示，第 S2 层次生壁占总厚度的 80%[88,90]，一些研究人员已经研究了微纤丝角对植物纤维拉伸属性和应力—应变行为的影响[91]。结论是：微纤维偏轴角对植物纤维的力学行为有直接影响，角度越小，植物纤维拉伸模量和强度越高，但失效应变越小；同时微纤丝角也与植物纤维的非线性应力—应变行为相关，微纤丝角越大，非线性力学行为越明显[92-94]。实际上，由于 S2

层次生壁最厚且微纤维偏轴角最小，其对植物纤维拉伸性能的影响最大，因此可以通过分析 S2 层次生壁的情况来对植物纤维进行分类。韧皮纤维，如亚麻、大麻和黄麻，具有小微纤丝角（小于 10°）；叶类纤维，如剑麻、菠萝、香蕉等，具有中微纤丝角（10°~25°）；种子纤维，如椰壳、棉花和棕榈，具有高微纤丝角（大于 25°）[95,96]。当前，无法控制 S2 层次生壁微纤丝角，但该角度可以作为一个特征参数，在选取不同植物纤维来制备植物纤维复合材料时可以作为参考[97]。

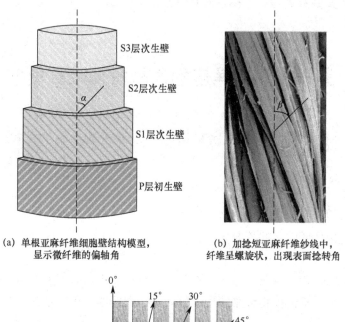

(a) 单根亚麻纤维细胞壁结构模型，
显示微纤维的偏轴角

(b) 加捻短亚麻纤维纱线中，
纤维呈螺旋状，出现表面捻转角

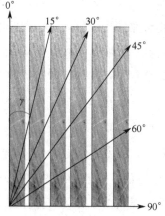

(c) 复合材料加载的不同偏轴角

图 4.1　植物纤维及其复合材料中不同层次下的角度

2. 纤维纱线的加捻角——捻转角

由于植物纤维短，相比传统纤维，在使用时需要纺成短纤维纱线，以方便工业生产，这一工艺过程无法避免的问题就是加捻，如图 4.1（b）和图 4.2 所示。有关加捻的定义和相关内容在第 2 章已经进行了详细描述，此处不再赘述。需要提及的是：①通过改变捻度，可以优化纱线的强度；②在达到最优捻度之前，增大捻度，可以提高纱线力学性能，但却削弱了其复合材料的力学性能。

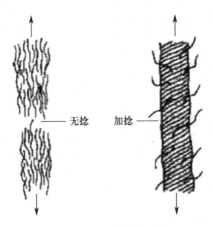

图 4.2　植物纤维束加捻[20]

另外，在第 2 章中，通过利用文献中的数据，充分证明了表面捻转角要比平均捻转角更能准确地表征加捻对复合材料力学行为的影响，因此本章后续计算中也仍旧采用表面捻转角作为参数之一来建模。而实际上，加捻纤维束在纵向拉伸时，可以近似地看作是复合材料单向板的偏轴拉伸，其展开的近似图形如图 4.3 所示。

3. 复合材料的偏轴拉伸角

图 4.1（c）给出了复合材料偏轴拉伸的示意图，拉伸载荷方向与纤维主方向形成一定的夹角，该夹角即为偏轴拉伸角。

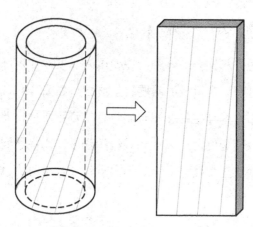

图 4.3　纤维束加捻近似于单向板的偏轴拉伸

此前，许多科研人员已经研究了复合材料在纵向和横向上的拉伸性能[98,99]，但实际上，复合材料的偏轴拉伸是更为常见的，也有不少科研人员对此展开了研究[100-102]，基本都聚焦于模型的构建，也有单纯展开试验研究的，如 Madsen 等人[20]分别测量了 0°、10°、20°、30°、45°、60°和 90°偏轴拉伸下的大麻增强 PET 复合材料拉伸模量、强度和失效应变，他们发现拉伸模量和强度随着偏轴角的增长而迅速下降。

4.2.2　多层次角度融合的偏轴拉伸应力—应变关系模型

此前，对于非线性力学理论建模研究大致可以分为两类：①与时间有依存关系的非线性模型；②非时间依存的非线性模型。本书主要研究非时间依存的非线性模型。

在非时间依存的建模理论中，又可以分为以下三种基本的建模思想。

1. 非线性弹性理论

Hahn 和 Tasi[16]提出了一个余能密度函数，它包括面内剪切应力的四次方项，结果在纵向及横向的简单拉伸中应力—应变呈线性关系，并且剪切应变为剪切应力的三次多项式函数，本书认为这一结果并不适合描述许多复合材料展现出的非线性特性。

2. 细观力学法

细观力学法的共同特征是均需要了解组分材料性能、纤维排列及纤维与基体的界面状况等。复合材料中的基体性能与其作为单独一种材料的性能是有相当差异的，所以为能得到准确的结果，在细观力学模型中经常有必要对基体组分性能进行修正。

3. 弹塑性理论

Sun 等人[39]在假设纤维为线弹性的条件下给出了一种模型化处理，即将复合材料模型化为由非线性基体层和有效线弹性纤维层交替排列而成的结构。但是该模型中的应力—应变关系包含三次方项，所以此方法也受到了限制。纤维复合材料中的物理非线性也可以认为是塑性特性。有一些研究人员用有限元法分析了单向复合材料的弹塑性特性。对于单向纤维复合材料，在单调载荷下存在塑性性能的正交各向异性。由 Sun 和 Chen[18]提出的单参数简化塑性势能函数已被 Sun 和 Yoon[61]成功地用于描述 AS4/PEEK 热塑性复合材料在不同温度下的弹塑性特性。

考虑到植物纤维区别于传统纤维在结构上的特殊性，为取得更好的建模效果，本章拟采用细观力学与宏观弹塑性理论相结合的方法进行建模，即第 2 种方法与第 3 种方法相结合。

基于 4.2.1 节所述的多层次角度，本书分别选取并定义微纤丝角 α、表面捻转角 β（相关定义在第 2 章）、偏轴拉伸角 γ，三种角度从不同层次不同程度地对复合材料偏轴拉伸非线性力学行为造成影响。本书构建的多自变量应力—应变关系函数为

$$\sigma = f(\alpha, \beta, \gamma, \varepsilon) \tag{4.1}$$

对于微纤丝角的测量，为得到具有统计学意义上的平均值，要测量大量单根

纤维，目前较为高效的射线衍射法也仅能反映几百个细胞的平均微纤丝角。另外，微纤丝角也具有一定的随机性，当确定植物纤维种类时，微纤丝角相对于表面捻转角和偏轴拉伸角对其复合材料偏轴拉伸力学性能的影响较小，在本书构建的模型中可以忽略不计，即可以假设偏轴拉伸时在微观尺度下的植物纤维微纤丝角不再变化，微纤丝角 α 就为定值、常数；当确定偏轴拉伸角 γ 时，γ 即为定值、常数，这样式（4.1）就可以简化为

$$\sigma = f(\beta, \varepsilon) \tag{4.2}$$

式（4.2）即表征应力、应变与表面捻转角三者之间的关系。此时，当偏轴拉伸角为 0°，即无偏轴角，在纵向拉伸时，所建立的应力—应变模型即为第 2 章研究加捻植物纤维增强复合材料的分段函数模型。当偏轴角不为 0° 时，式（4.1）在忽略不计微纤丝角 α 变化的情况下，可以简化为 $\sigma = f(\beta, \gamma, \varepsilon)$，此时存在三个自变量 β、γ 和 ε。为此，如何融合这些自变量成为建模的关键。

Lagzdins 等人[103]在 1998 年提出了利用一系列可逆的线性张量函数来表述应力、应变和偏轴角的关系，如正切函数、反正切函数、正弦双曲函数、反正弦双曲函数等，并采用玻璃纤维/环氧树脂复合材料的试验验证得到一个半经验的公式。该经验公式考虑到各向异性材料应力的多向性及偏轴拉伸的坐标变换，为简化模型，采用了张量的表达形式，即

$$\varepsilon = \frac{s\sigma P(p)}{p} \tag{4.3}$$

式中，σ、ε、s 分别为应力、应变和柔度张量，p 为应力张量的非负标量函数，$P(p)$ 为 p 的连续、严格递增的反函数。

$$p = p(\sigma) = \sqrt{b_{ijkl}\sigma_{ij}\sigma_{kl}} \tag{4.4}$$

式中，b_{ijkl} 为非负正定张量 b 的分量，$i, j, k, l \in (1, 2, 3)$，且有 $b_{ijkl} = b_{jikl} = b_{ijlk} = b_{klij}$。

该模型对于研究植物纤维增强复合材料的非线性力学行为具有一定的借鉴意义和适用性，但在考虑多层次角度融合的情况下，需要做些修正。

根据前人对于植物纤维增强复合材料偏轴拉伸的试验结果，且其应力—应变曲线形状类似于正弦双曲图形，本章选取正弦双曲函数形式的标量函数，即

$$P(p) = \sinh(p) \tag{4.5}$$

根据式（4.3），有

$$\varepsilon_{ij} = \frac{s_{ijkl}\sigma_{kl}\sinh[p(\boldsymbol{\sigma})]}{p(\boldsymbol{\sigma})} \tag{4.6}$$

对于单向复合材料的偏轴拉伸，在载荷方向上（偏轴拉伸角 γ ）有

$$\varepsilon_{\gamma} = \frac{s_{\gamma}\sigma_{\gamma}\sinh[p(\boldsymbol{\sigma})]}{p(\boldsymbol{\sigma})} \tag{4.7}$$

式中，柔度 s_{γ} 可以按式（4.8）得到，即

$$s_{\gamma} = \frac{\cos^4\gamma}{E_1} + \frac{\sin^4\gamma}{E_2} + \left(\frac{1}{G_{12}} - \frac{2\lambda_{12}}{E_1}\right)\sin^2\gamma\cos^2\gamma \tag{4.8}$$

式中，E_1、E_2 分别为复合材料在纤维 1、2 方向上的杨氏模量，G_{12} 为 1、2 平面内的剪切模量，λ_{12} 为泊松比。其中，为把表面捻转角融合进入模型中，采用第 2 章中的研究成果式（2.16）（相关物理量定义见第 2 章）计算 E_1，得

$$E_1 = \begin{cases} \cos^2 2\beta E_{uty}V_y + E_m V_m & 0 \leqslant \sigma_1 \leqslant \sigma_1(e)，\beta_e < \beta \leqslant \arctan 2\pi r_o T_o \\ \cos^2 2\beta_e E_{uty}V_y + E_m V_m & \sigma_1 > \sigma_1(e)，\beta = \beta_e \end{cases} \tag{4.9}$$

由于偏轴拉伸时存在剪切应力，故定义为

$$p(\boldsymbol{\sigma}) = \sigma_r\sqrt{b_{1111}\cos^4\gamma + b_{2222}\sin^4\gamma + 4b_{1212}\sin^2\gamma\cos^2\gamma} \tag{4.10}$$

至此，建模完成，需要说明的是由于微纤丝角对偏轴拉伸影响较小且测量难度大，为了后面计算方便，该模型忽略了纤维自身微纤丝角的影响。

● 4.3　试验部分

本章建立的模型拟采用亚麻纤维增强复合材料的偏轴拉伸试验数据进行验证，为验证其有效性，部分数据来自本书课题组，部分数据来自文献资料。

选用亚麻纤维作为增强体的一个主要原因是其次生壁微纤丝角小于 10°（见图 4.1），属于小微纤丝角的韧皮纤维，这样尽可能小地避开对上述模型的影响。另外，据统计，1999—2005 年，亚麻纤维增强树脂复合材料在汽车行业中占了 65%左右的市场份额[104]，应用最为广泛。

1. 纵向（0°）拉伸试验

（1）增强体：单向亚麻纤维织物。试验采用的增强体为单向亚麻纤维纱线（比利时），线密度为 1.2～1.25 g/cm^3，织物面密度为 200 g/m^2，加捻亚麻纱线沿 0°纤维方向并列排放，在 90°方向用几根亚麻纱线编织到一起。

（2）基体：环氧树脂（环氧 618，环氧：固化剂：促进剂=100：80：1）。

（3）拉伸试样：长条状，标距为 50mm，尺寸为 250mm×15mm×2mm。

（4）热压工艺参数：90℃预热 30min，加压 1MPa，升温至 125℃固化 2h，自然冷却后脱模。拉伸试验测试方法与第 2 章相同。

试验得到的典型亚麻纤维增强环氧树脂复合材料纵向拉伸应力—应变曲线如图 4.4 所示。试验结果与第 2 章剑麻纤维增强环氧树脂复合材料纵向拉伸的结果相似，即在初始拉伸阶段出现典型的由于加捻所致的非线性力学行为，但此非线性应变量更小，随后随着表面捻转角的恒定，曲线变直线，出现线性。

本处的 0°拉伸试验，主要是为了验证亚麻纤维增强复合材料也存在加捻导致的非线性问题，表明为提高本章模型的准确性，在研究偏轴拉伸时也需要把表面捻转角考虑进去。

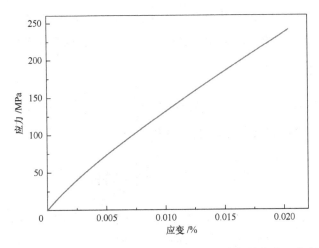

图 4.4 典型亚麻纤维增强环氧树脂复合材料纵向拉伸应力—应变曲线

2. 文献数据

Shah 等人[21]制作了亚麻纤维复合材料，含有 4 层单向纤维织物，亚麻纤维束（tex=250）用聚酯丝缝合形成低捻度（T=50）的 S 捻纱线，线密度为 1.529 g/cm³，纤维纱线体积含量 V_y =26.9%，平均捻转角 θ_{mean} =3.3°（平均捻转角 θ_{mean} 定义为 $\theta_{\text{mean}} = \theta + \dfrac{\theta}{\tan^2 \theta} - \dfrac{1}{\tan \theta}$，此文献中的 θ 即为第 2 章中所述的表面捻转角），基体采用邻苯型不饱和聚酯，基体模量 E_m = 3.7 GPa。他们进行了 0°、15°、30°、45°、60°和 90°的偏轴拉伸试验，其中在 0°拉伸时，得到 E_1 =15.3 GPa（表面捻转角不变化时）、E_2 = 3.8 GPa、G_{12} =1.51 GPa、λ_{12}=0.31，从 0°拉伸得到的非线性应力—应变曲线［见图 1.5（a）］可以估算出当应变为 0.005 时，应力为 60MPa，应力—应变曲线由非线性转变为线性（由图 1.5 可知，可以假定所有不同角度的偏轴拉伸都在此处开始转折），即式（4.9）中的 e = 0.005，由于偏轴拉伸是在持续载荷作用下，应力—应变曲线已呈现线性状态，此时的 0°拉伸模量处于式（4.9）分段函数第二段的值。文献中没有直接给出未加捻亚麻纤维纱线的弹性模量 E_{uty}，但该作者在其另一篇文章 "*Why do we observe significant differences between measured and 'back-calculated' properties of natural fibres?*" 中明确指出，源自同一厂家同一时期的亚麻纤维单丝的拉伸模量为 43 ± 16.7GPa[100]，由于单丝测得的模量数据误差大，为计算方便，经多次试取值，本书选取 47GPa 作为无捻纤维纱线的近似拉伸模量，即 E_{uty} = 47GPa（选取原则可用经验公式（4.11）倒推计算）。

利用上述数据，求得 0°拉伸表面捻转角不再变化时的 β_e = 1.76°，利用经验公式（4.11）[32]求得初始表面捻转角 β_o = 4.94°，式（4.9）转变为式（4.12）。

$$\theta_{\text{mean}} = \beta + \frac{\beta}{\tan^2\beta} - \frac{1}{\tan\beta} \tag{4.11}$$

$$E_1 = \begin{cases} 12.64\cos^2 2\beta + 2.7 & 0 \leqslant \sigma_1 \leqslant 60\text{ MPa}, 1.76° < \beta \leqslant 4.94° \\ 15.3\text{ GPa} & \sigma_1 > 60\text{ MPa}, \beta_e = 1.76° \end{cases} \tag{4.12}$$

于是 s_γ、ε_γ 均可以用分段函数表征。为方便计算，此处先解算复合材料断裂前的应力—应变曲线中的线性阶段，即 E_1 = 15.3GPa 的情况。

在 0°拉伸时，根据式（4.10）有

$$p(\sigma) = \sigma_{11}\sqrt{b_{1111}} \tag{4.13}$$

式（4.7）简化为

$$\varepsilon_{11} = \frac{\sinh\left(\sigma_{11}\sqrt{b_{1111}}\right)}{E_1\sqrt{b_{1111}}} \tag{4.14}$$

代入 0°拉伸的弹性模量 E_1 = 15.3GPa 及此时的应力和应变值，得 b_{1111} = 190GPa^{-2}。

在 90°拉伸时，根据式（4.10）有

$$p(\sigma) = \sigma_{22}\sqrt{b_{2222}} \tag{4.15}$$

式（4.7）简化为

$$\varepsilon_{22} = \frac{\sinh\left(\sigma_{22}\sqrt{b_{2222}}\right)}{E_2\sqrt{b_{2222}}} \tag{4.16}$$

代入 90°拉伸时的弹性模量 $E_2 = 3.8\text{GPa}$ 及此时的应力和应变值，得 $b_{2222} = 12500\text{GPa}^{-2}$。

当 15°拉伸时，根据式（4.10）有

$$p(\boldsymbol{\sigma}) = \sigma_{15°}\sqrt{2.2\times10^{-4} + 0.25b_{1212}} \tag{4.17}$$

代入 15°拉伸时的柔度［依据式（4.8）计算得到］及此时的应力和应变值，得 $b_{1212} = 2200\text{GPa}^{-2}$，继而可得

$$p(\boldsymbol{\sigma}) = \sigma_r\sqrt{1.9\times10^2\cos^4\gamma + 1.25\times10^4\sin^4\gamma + 8.8\times10^3\sin^2\gamma\cos^2\gamma} \tag{4.18}$$

注意，此时表面捻转角 β 的影响主要体现在纵向拉伸模量 E_1 的计算上，进而影响模型中 b_{1111} 等参数的取值，从而使表面捻转角得以融入模型中，在表面捻转角不再变化时 β 恒定，但之前是变量，而微纤丝角由于影响较小而且缺少试验和文献数据，在本章的融合模型中仅提出概念，实际计算时忽略它的影响。

根据以上分析,结合试验数据,利用 MATLAB 绘制模型模拟曲线如图4.5～图4.10所示。

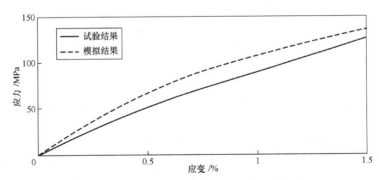

图 4.5　0°拉伸模型模拟结果与试验结果对比

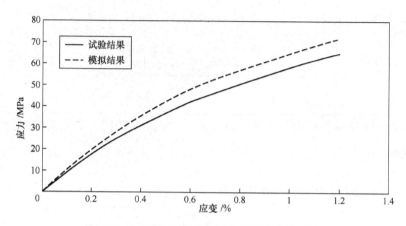

图 4.6　15°拉伸模型模拟结果与试验结果对比

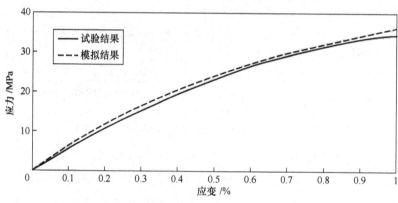

图 4.7　30°拉伸模型模拟结果与试验结果对比

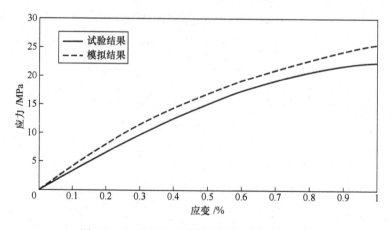

图 4.8　45°拉伸模型模拟结果与试验结果对比

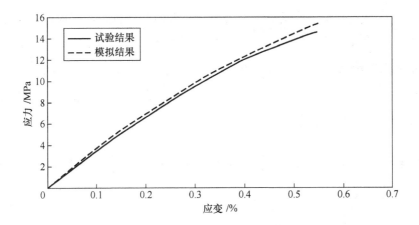

图 4.9　60°拉伸模型模拟结果与试验结果对比

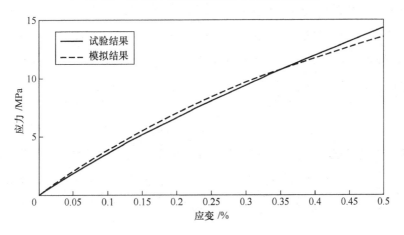

图 4.10　90°拉伸模型模拟结果与试验结果对比

4.4　结果与讨论

从图 4.5～图 4.10 模型仿真结果与试验结果对比可知,仿真结果与试验结果吻合较好。总的表现是模型值比试验值偏大,存在偏差,计算曲线形状与试验曲线相似,随着偏轴角的增大,计算曲线与试验曲线更加接近。另外,随着偏轴拉伸角的增大，曲线呈现下降趋势，即复合材料弹性模量不断减小，弹性模量减小。这是由于偏轴角越大，纤维的承载效率越低，拉伸初始不一定产生损伤破坏；但随着偏轴拉伸的继续加载，存在垂直于轴向拉伸载荷的基体微裂纹、非弹性应变演化加速、纤维的转动增大、纤维与基体逐步脱粘、基体出现明显裂纹等情况。

另外，需要注意的是在利用模型进行计算时，应注意各模量与应力的单位转换。

式（4.12）是基于0°拉伸时，表面捻转角保持恒定、不再减小的这一物理机理，本章重在说明0°拉伸初始阶段出现非线性的机理，在建模时引入这一思路，也有利于模型构建的准确性，实际模拟时可以考虑选取几个小应变并求得相应应力，从而绘制初始阶段的非线性曲线段。而随着偏轴角的增大，纤维纱线加捻的影响逐渐降低，可以不再重点考虑，而主要考虑偏轴角的影响。

本章构建了基于正弦双曲函数的唯象本构模型，实际上，通过观察三角函数的图形，也可以选取反正弦双曲函数、正切函数、反正切函数等来作为建模的主体。对于0°拉伸，若考虑加捻的影响，即将表面捻转角作为一个变量考虑到本构方程中，则得到的是应力、应变、表面捻转角三者的本构关系。

● 4.5　本章小结

本章重点研究的是既加捻又偏轴拉伸的植物纤维增强热固性树脂复合材料，选取亚麻单向织物作为增强材料。

本章从细观和宏观结合的角度，综合考虑细观下的植物纤维微纤丝角、纱线表面捻转角和宏观偏轴角，提出了符合三种角度影响的一般数学模型，并进行简要分析。本章在前人研究的基础上，提出了表征复合材料偏轴拉伸时张量形式的本构模型，定义了相关参数和转换标量函数等。

之后结合亚麻纤维增强环氧树脂复合材料 0°拉伸试验数据和 Shah 等人的文献数据，使用 MATLAB 仿真验证所提模型的准确性，仿真结果与试验吻合较好，验证了模型的有效性。

第5章

植物纤维增强复合材料非线性力学行为的数值模拟

● 5.1 引言

有限元法在科学研究和工业生产中有广泛的用途[106]，本章利用 ABAQUS 有限元非线性分析的强大功能对植物纤维增强复合材料非线性力学行为进行数值模拟研究。

本章主要介绍了 ABAQUS 有限元分析软件在复合材料领域中的应用，推导应用于有限元分析的应力—应变关系增量形式，并利用 ABAQUS 完成建模、赋予载荷和添加边界条件，最后对第 4 章中亚麻纤维增强环氧树脂复合材料的偏轴拉伸进行仿真模拟，经 ABAQUS 可视化和后处理后得到偏轴拉伸云图和应力—

应变曲线，同时也调用了 UMAT 子程序，其模拟结果与试验值进行比对，模拟效果较好。

由于建立亚麻单向织物的细观有限元模型和仿真难度较大，故而本章的有限元模拟从宏观角度出发，即从复合材料整体上划分网格并分析，采用的是复合材料混合模拟技术。

● 5.2　ABAQUS 有限元分析在复合材料中的应用

5.2.1　复合材料模拟技术

目前，根据不同的分析目的，可以采用不同的复合材料模拟技术：

（1）微观模拟：将纤维和基体分别模拟为可变形连续体。

（2）宏观模拟：将复合材料模拟为一个正交各向异性体或是完全各向异性体。

（3）混合模拟：将复合材料模拟为一系列离散、可见的纤维层合板。

（4）离散纤维模拟：采用离散单元或其他模拟工具进行模拟。

（5）子模型模拟：对于研究加强纤维周围点的应力集中问题比较有效。

5.2.2　复合材料的单元技术

ABAQUS 中复合材料的单元技术主要为分层壳单元、分层实体单元及实体壳单元三种。

1. 分层壳单元

单元类型：S4R、S3R。

截面属性的定义：* SHELL SECTION、COMPOSITE。

复合材料定义：各向同性、正交各向同性、层合板、工程常数及各向异性等。

特点：可以准确地考虑横向剪切应力。

2. 分层实体单元

单元类型：C3D8I、C3D6。

截面属性的定义：*SOLID SECTION、COMPOSITE。

复合材料定义：各向同性、正交各向同性、工程常数及各向异性等。

特点：可以用实体单元来模拟考虑厚度方向的复合材料分析。

3. 实体壳单元

单元类型：SC6R、SC8R。

截面属性的定义：*SHELL SECTION、COMPOSITE。

复合材料定义：各向同性、正交各向同性、层合板、工程常数及各向异性等。

特点：实体壳单元建模采用实体模型，但响应类似于壳单元，可以更加精确地模拟复合材料层合结构厚度方向的响应。

5.2.3　复合材料的一般模拟过程

1. 建模

复合材料的结构形式决定了其建模方法，可以使用基于连续体的壳单元和常规壳单元。复合材料应用较为广泛，但复合材料建模是一个难点，其复杂结构，铺层就很麻烦。

2. 材料参数

使用层材料的 lamina 类型建立材料参数。以赋予工程参数的形式赋予材料参数，也可使用 SUBOPTION 赋予材料数据，该类材料只适用平面应力问题。

3. 结构形式

对于层合板结构形式，ABAQUS 可采用复合材料截面定义和复合材料叠层定义两种方法定义层合板。

复合材料截面定义适用于每个区域层特性相同的情况。这样只需要建立 shell-composite 即可，把截面属性赋予二维（mesh 中定义常规壳单元）或赋予三维（三维尺寸要和 shell 中赋予的厚度保持一致，mesh 中定义基于连续体的壳单元）。

复合材料叠层使用 composite-layup manager 来定义，主要用一个模型的不同区域（使用不同的层）来构造。所以定义前要先分割区域，把不同的叠层分配给不同的区域。它可以定义基于连续体的壳单元、常规壳单元或实体单元的属性。

常规壳单元定义各层的厚度，并赋予常规壳单元为二维模型。基于连续体的壳单元或实体单元要赋予其为三维模型，并且厚度是相对于单元长度的系数，故其厚度方向划分一层单元即可。

需要注意叠层参考坐标系的定义（Layup 方向）和各个叠层的坐标系的定义（ply 方向），还需要定义正确的铺层角、铺层厚度、铺层顺序。ABAQUS 不能分析单个铺层法线变化超过 90°的情况，这时需要定义多个铺层。可随意定义坐标系，在选择后可以定义绕轴的旋转角度来得到正确的坐标系。

●5.3 植物纤维增强复合材料偏轴拉伸有限元模拟

本节以第 4 章提到的亚麻纤维增强环氧树脂复合材料的偏轴拉伸作为算例，进行有限元仿真[107]。

基本情况[21]：亚麻纤维束（tex=250）用聚酯丝缝合形成低捻度（T=50）的 S 捻纱线、平均捻转角 θ_{mean} =3.3°、线密度为 1.529 g/cm³、纤维纱线体积含量 V_y =26.9%、基体采用邻苯型不饱和聚酯、基体模量 E_m = 3.7 GPa、试样面积为 250 mm²、厚度为 3.5 mm，共铺 4 层，进行 0°、15°、30°、45°、60° 和 90° 的偏轴拉伸试验。其中，在纵向拉伸时，得到材料工程常数 E_1 =15.3 GPa（表面捻转角不变时）、E_2 = 3.8 GPa、G_{12} =1.51 GPa、λ_{12} =0.31、纵向拉伸强度 X_t =143 MPa、横向拉伸强度 Y_t =13.24 MPa、面内剪切强度 S_{12} =19.86 MPa。

5.3.1 应力—应变关系的增量形式

对于本书研究的植物纤维增强复合材料拉伸非线性力学行为，属于正交各向异性材料，但实际材料为单向层合板，材料近似处于平面应力状态。因此，为简化模拟，可以忽略一些层合板非线性的情况（如层间应力、横向响应等），采用第 4 章所提的模型来建立非线性本构方程，本节的算例也采用第 4 章所提的算例。

于是，其材料主方向的应力—应变关系为

$$\begin{Bmatrix} \sigma_1 \\ \sigma_2 \\ \tau_{12} \end{Bmatrix} = \begin{Bmatrix} C_{11} & C_{12} & 0 \\ C_{12} & C_{22} & 0 \\ 0 & 0 & C_{66} \end{Bmatrix} \begin{Bmatrix} \varepsilon_1 \\ \varepsilon_2 \\ \gamma_{12} \end{Bmatrix} = [C] \begin{Bmatrix} \varepsilon_1 \\ \varepsilon_2 \\ \gamma_{12} \end{Bmatrix} \tag{5.1}$$

式中，$\sigma_i (i=1,2)$、$\varepsilon_i (i=1,2)$ 分别为材料方向上的主应力、主应变，τ_{12}、ε_{12} 分别为平面应力状态下材料的面内剪应力和剪应变，$[C]$ 为刚度矩阵。

刚度矩阵 $[C]$ 中的刚度系数为

$$\begin{cases} C_{11} = \dfrac{E_1}{1 - \lambda_{12}\lambda_{21}} \\[3mm] C_{12} = \dfrac{\lambda_{12}E_2}{1 - \lambda_{12}\lambda_{21}} \\[3mm] C_{22} = \dfrac{E_2}{1 - \lambda_{12}\lambda_{21}} \\[3mm] C_{66} = G_{12} \end{cases} \tag{5.2}$$

式中，λ 为泊松比。

对于偏轴拉伸（偏轴拉伸角 γ）而言，在 xyz 坐标系下，其非材料主方向的应力—应变关系需要进行转换，即

$$\begin{Bmatrix} \sigma_x \\ \sigma_y \\ \tau_{xy} \end{Bmatrix} = \begin{Bmatrix} \cos^2\gamma & \sin^2\gamma & -2\sin\gamma\cos\gamma \\ \sin^2\gamma & \cos^2\gamma & 2\sin\gamma\cos\gamma \\ \sin\gamma\cos\gamma & -\sin\gamma\cos\gamma & \cos^2\gamma - \sin^2\gamma \end{Bmatrix} [C] \begin{Bmatrix} \varepsilon_1 \\ \varepsilon_2 \\ \gamma_{12} \end{Bmatrix} \tag{5.3}$$

而刚度矩阵中纵向拉伸模量 E_1 为表面捻转角 β 的函数式（4.9），因此，可以归纳出偏轴拉伸后材料应力—应变关系的增量表达式为

$$\begin{Bmatrix} \mathrm{d}\sigma_x \\ \mathrm{d}\sigma_y \\ \mathrm{d}\tau_{xy} \end{Bmatrix} = \begin{Bmatrix} \cos^2\gamma & \sin^2\gamma & -2\sin\gamma\cos\gamma \\ \sin^2\gamma & \cos^2\gamma & 2\sin\gamma\cos\gamma \\ \sin\gamma\cos\gamma & -\sin\gamma\cos\gamma & \cos^2\gamma - \sin^2\gamma \end{Bmatrix} [C] \begin{Bmatrix} \mathrm{d}\varepsilon_1 \\ \mathrm{d}\varepsilon_2 \\ \mathrm{d}\gamma_{12} \end{Bmatrix} \tag{5.4}$$

定义转换矩阵为

$$[T] = \begin{Bmatrix} \cos^2\gamma & \sin^2\gamma & -2\sin\gamma\cos\gamma \\ \sin^2\gamma & \cos^2\gamma & 2\sin\gamma\cos\gamma \\ \sin\gamma\cos\gamma & -\sin\gamma\cos\gamma & \cos^2\gamma - \sin^2\gamma \end{Bmatrix} \tag{5.5}$$

另外，式（5.4）的表达显得过于复杂，于是采用张量形式表述其应力—应变关系为

$$\mathrm{d}\sigma = D\mathrm{d}\varepsilon \tag{5.6}$$

式中，D 为偏轴拉伸角 γ 和表面捻转角 β 的函数，且 $D = [T][C]$。

5.3.2 UMAT 子程序编程思路

1. 雅可比矩阵

在编写 UMAT 子程序时，根据第 4 章的非线性方程，给定复合材料的雅可比矩阵 J（Jacobian matrix），即应力增量对应变增量的变化率，从而提高计算的收敛速率，通常雅可比矩阵定义为

$$J = \frac{\partial \Delta \sigma_{ij}}{\partial \Delta \varepsilon_{ij}} \tag{5.7}$$

考虑到计算的便捷性，二维平面应力状态下复合材料单向板的泊松比 λ_{12} 和 λ_{21} 较小，本例中 $\lambda_{12} = 0.31$，由于式（5.1）的刚度矩阵 $[C]$ 具有高度对称性，由工程弹性常数的互等关系可知 $\frac{\lambda_{12}}{E_1} = \frac{\lambda_{21}}{E_2}$，可以计算得到 $\lambda_{21} = 0.077$。

根据泊松比和弹性模量的取值，对式（5.2）进行约简得

$$\begin{cases} C_{11} = 1.02E_1 \\ C_{12} = 0.32E_2 \\ C_{22} = 1.02E_2 \\ C_{66} = G_{12} \end{cases} \tag{5.8}$$

于是刚度矩阵 $[C]$ 变为

$$C \approx \begin{bmatrix} 1.02E_1 & 0.32E_2 & 0 \\ 0.32E_2 & 1.02E_2 & 0 \\ 0 & 0 & G_{12} \end{bmatrix} \tag{5.9}$$

当增量步的步长足够小时（$\Delta t \to 0$），根据式（5.4），近似地有

$$\begin{Bmatrix} \Delta \sigma_x \\ \Delta \sigma_y \\ \Delta \tau_{xy} \end{Bmatrix}_{n+1} = [T][C]_{n+1} \begin{Bmatrix} \Delta \varepsilon_1 \\ \Delta \varepsilon_2 \\ \Delta \gamma_{12} \end{Bmatrix}_{n+1} \tag{5.10}$$

显然，雅可比矩阵 $J = [T][C]$，下标 $n+1$ 代表增量步，其中 $n \in \{0,1,2,\cdots\}$。计

算时雅可比矩阵是随加载状态的变化而变化的，但在每个增量步中，雅可比矩阵保持不变。

每个增量步迭代计算完成后，名义应力的更新方案为

$$\{\sigma_i\}_{n+1} = \{\sigma_i\}_n + \{C_{ij}\}_{n+1} \{\Delta\varepsilon_j\}_{n+1} \tag{5.11}$$

其中，$i,j = 1,2,6$，下标 6 采用的是 Voigt 缩略标记法，有 $\varepsilon_6 = \gamma_{12}$。

2. 失效准则

本章模拟的是复合材料单向板，为简化模拟，忽略横向的响应，同时又由于本书研究的是纵向拉伸的小应变范围，故而不需要模拟到破坏的阶段，仅针对小应变范围的情况进行模拟，但由于程序的需要，仍然定义其失效准则。

因此对于单向板的失效，忽略其层间应力的影响，采用二维 Hashin 准则对单向板拉伸过程进行损伤判定，单向拉伸时的二维 Hashin 准则表示为式（5.12）和式（5.13），即

纤维拉伸失效：

$$\left(\frac{\sigma_1}{X_t}\right)^2 + \left(\frac{\tau_{12}}{S_{12}}\right)^2 \geqslant 1 \text{ 且 } \sigma_1 \geqslant 0 \tag{5.12}$$

基体拉伸失效：

$$\left(\frac{\sigma_2}{Y_t}\right)^2 + \left(\frac{\tau_{12}}{S_{12}}\right)^2 \geqslant 1 \text{ 且 } \sigma_2 \geqslant 0 \tag{5.13}$$

式（5.12）和式（5.13）中任何一项满足条件，即表示材料破坏。

3. 计算流程

利用 ABAQUS 的 Fortran 程序接口，结合雅可比矩阵和失效准则，把上述算例的非线性本构模型编写为用户材料子程序，程序中使用三个状态变量分别记录

材料主方向加载过程中所达到的最大拉伸应变（ε_1^m、ε_2^m）和工程剪切应变 $\left|\gamma_{12}^m\right|$。编程时创建静态分析步，分析步又包含多个增量步，以模拟加载过程。

各增量步中通过判断主方向上各应变分量与相应状态变量的大小关系，当应变分量小于或等于相应的状态变量时，认为积分点处的材料模量为切线模量 $E_1^{\tan}$、$E_2^{\tan}$ 和 $G_{12}^{\tan}$。

程序中需要对单元失效进行检查，当满足单向板的二维 Hashin 准则时，令材料的切线刚度折减为接近 0 的数值。UMAT 子程序的计算流程如图 5.1 所示。

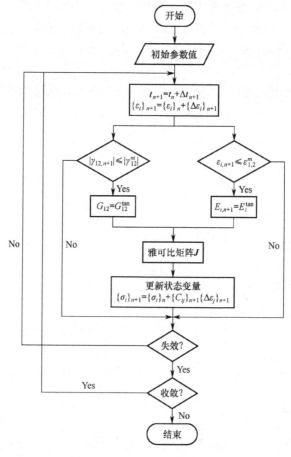

图 5.1　UMAT 计算流程图

5.3.3　有限元建模

本节以亚麻纤维增强环氧树脂复合材料 45°偏轴拉伸为例，采用混合模拟的方式来实现仿真，并详细介绍有限元建模过程和得到的仿真结果。

由于模拟对象是复合材料薄板，因此建立一个三维可变形平面壳部件（shell），几何尺寸为 25mm×10mm。

定义材料的密度 DENSITY 为 $1.529×10^{-9}$ t/mm³，定义弹性属性为 lamina 并输入相关材料参数，其中模量和应力的单位为 MPa，泊松比为数值。定义材料的塑性属性，定义过程中按照 ABAQUS 规定——必须用真实应力和真实应变定义塑性，将试验数据经过转换求得塑性属性所需要的数据如表 5.1 所示。

表 5.1　部分真实应力与塑性应变的计算

名义应力/MPa	名义应变	真实应力/MPa	真实应变	弹性应变	塑性应变
1.85	$3.62×10^{-4}$	1.85	$3.62×10^{-4}$	$1.21×10^{-4}$	$2.41×10^{-4}$
3.92	$7.8×10^{-4}$	3.93	$7.8×10^{-4}$	$2.57×10^{-4}$	$5.24×10^{-4}$
5.56	$1.2×10^{-3}$	5.57	$1.16×10^{-3}$	$3.64×10^{-4}$	$7.97×10^{-4}$
7.2	$1.6×10^{-3}$	7.2	$1.6×10^{-3}$	$4.71×10^{-4}$	$1.13×10^{-4}$

本算例中复合材料铺 4 层，选择 conventional shell。在编辑复合材料属性窗口，选择全局坐标系统，材料属性为前面定义的 material-1，在 rotation angle 中输入铺层角度为 45°，拉伸载荷沿 x 轴方向，此铺层角度即为偏轴拉伸角，在 thickness 中输入每层的厚度 0.875mm（见图 5.2）。图 5.3 绘制了 45°铺层时复合材料铺层示意图，同时定义局部坐标系以给出材料主方向（见图 5.4）。

通过编辑边界条件的方式，在薄板右侧施加位移载荷，根据试验情况，输入 1 方向位移为 0.5mm。本算例为单向偏轴拉伸，左端固定，故添加边界条件 PINNED。施加载荷和添加边界条件后的效果如图 5.5 所示。

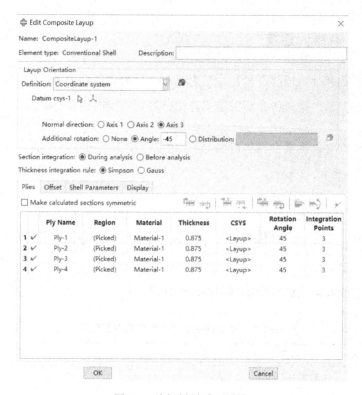

图 5.2　编辑材料铺层属性

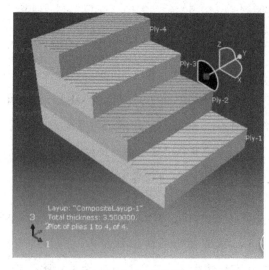

图 5.3　45°铺层时复合材料分层示意图

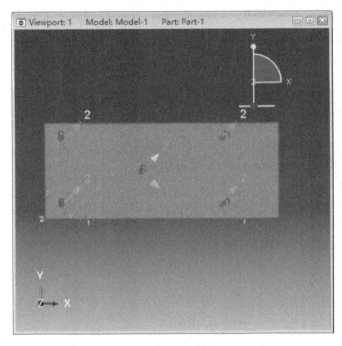

图 5.4　定义局部坐标系和材料主方向

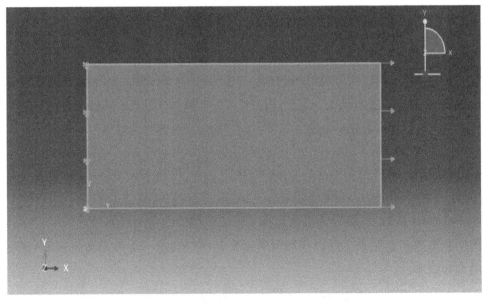

图 5.5　施加位移载荷和添加边界条件后的效果

本例试样面积为 250mm^2，为方便计算，每 1mm 布种 1 个单元。长度方向布种 25 个单元，宽度方向布种 10 个单元，共 250 个单元（见图 5.6），定义单元类型为 S4R。

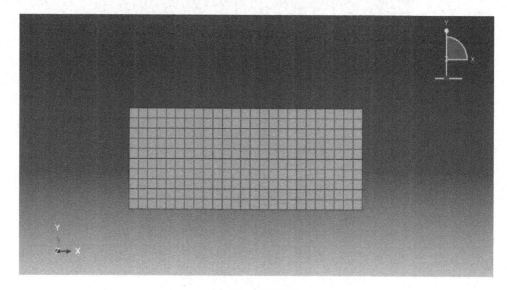

图 5.6　划分网格

5.3.4　结果与讨论

建模时，在场输出需求模块，在 Domain 中选取 Composite layup，输出变量选取 S、MISES、E、PE，在 "output at section point " 中选择 "all section points in all plies"，这样在可视化和后处理中就能查看所有铺层的所有截面仿真结果。

在历史输出需求模块中，在 Domain 中选取 Composite layup，输出变量选取 S11、MISES、E11、PE11，在 "output at section point " 中选择 "all section points in all plies"，这样在可视化和后处理中就能查看与时间有关的所有铺层的所有截面仿真结果。这里仅选取所需要的四个变量，是为了提高 ABAQUS 的运行效率。

利用软件的 job 功能菜单，提交分析后，得到应力云图（见图 5.7），云图显示在偏轴拉伸仅 0.5mm 的小变形情况下，材料尚未出现断裂破坏（本章的仿真不需要达到破坏的阶段），在距离左端 5～9mm 范围内应力值达到最大，距离左端 10mm 处的应力分布均匀，最左端中心部分应力最小，这与建模时选取的约束有关。

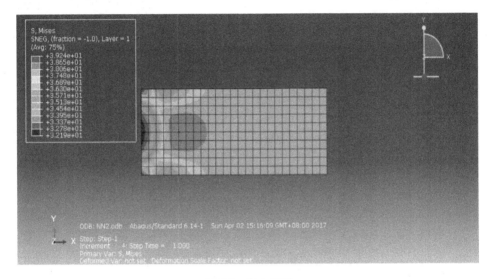

图 5.7　应力云图

在可视化模块的 XYData 中选取所需要的历史输出变量，并在"operate on XY Data"中利用 Combine 函数得到 45°偏轴拉伸的应力—应变仿真曲线，如图 5.8 所示（点画线）。仿真曲线不太平滑，这与输入的塑性应变参数数据不足有关，但与试验结果相比，仿真得到的应力与相应的应变值间的匹配关系与试验数据非常吻合，说明仿真效果良好。

通过 ABAQUS 的用户自定义接口，调用 UMAT 子程序，调试运行后，得到应力—应变曲线如图 5.8（虚线）。图 5.8 表明调用材料子程序调试得到的复合材料 45°偏轴拉伸应力—应变曲线更加平滑，没有出现奇异点或拐点，结果更好，与试验数据吻合。

将运行 ABAQUS 正常模块、调用 UMAT 子程序运行结果与试验得到的 45°

偏轴拉伸应力—应变曲线放在同一坐标中进行对比（见图 5.8），发现调用 UMAT 子程序得到的曲线更贴近试验曲线，更接近试验值，说明在编写 UMAT 子程序时建立的雅可比矩阵、选取的失效准则和计算流程较为准确，也说明在进行 ABAQUS 非线性分析时，为使分析更加准确和个性化，采用自主编程的方式显得更精准和灵活。

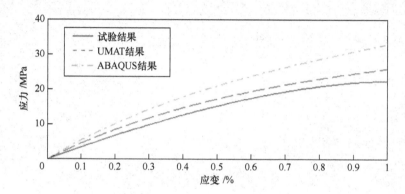

图 5.8 ABAQUS 正常模块、调用 UMAT 子程序运行结果与试验得到的
45°偏轴拉伸应力—应变曲线对比

●5.4 本章小结

本章首先介绍了 ABAQUS 及其在复合材料领域的模拟技术与应用情况，然后给出了软件分析中应力—应变关系的增量形式，以亚麻纤维增强环氧树脂复合材料 45°偏轴拉伸为例进行有限元模拟，仿真结果与试验数据较为吻合。

本章是第 4 章研究内容的一个数值模拟，旨在丰富研究的内容和深度。本章对于复合材料中纤维的几何建模忽略了有限单元的加捻结构，这样仿真的对象相对简单。本章采用 ABAQUS 各模块完成仿真工作，也采用 FORTRAN 语言二次开发 UMAT 子程序，并在 ABAQUS 中调用运行，结果表明 UMAT 子程序得到的应力—应变曲线更加平滑。通过对比运行 ABAQUS 正常模块、调用 UMAT 子程序运行结果与试验得到的 45°偏轴拉伸应力—应变曲线，发现调用 UMAT 子程序得到的曲线更贴近试验曲线，显示了采用自主编程的方式在非线性有限元分析中的优势。

需要注意的是，本章中 UMAT 子程序采用的应力—应变关系模型，其函数形式简单，是为了方便在有限元软件中编程实现；而且模型以应变为函数，适用于以应变为已知量的增量计算方法，有限元计算过程中稳定性和收敛性较好。该模型的主要缺点是：模型中没有建立完善的损伤和非弹性应变的演化法则，忽略了平面应力状态对损伤、非弹性应变和强度的影响，因此模型的适用性局限在应力状态相对简单的加载情况，如本章的偏轴拉伸情况。

第6章
结论与展望

6.1 结论

本书围绕植物纤维增强复合材料非线性力学行为展开研究。

首先调研了国内外对植物纤维增强复合材料非线性力学行为的研究情况，发现植物纤维增强复合材料在拉伸初始即表现出非线性力学行为，这与传统纤维增强复合材料明显不同，这成为本书研究的着眼点和重点。本书利用试验研究、机理分析、数学建模、数值模拟等手段来试图把该问题研究透彻，前人的研究表明，该非线性力学行为主要是由植物纤维的加捻、偏轴拉伸等引起的，在这个基础上，本书主要做了以下工作：

（1）从加捻纵向拉伸非线性、无捻偏轴拉伸非线性，到加捻偏轴拉伸非线性，系统地研究了植物纤维增强复合材料的非线性力学问题。

（2）针对不同研究对象，分别建立了分段函数纵向拉伸数学模型、单参数偏轴拉伸模型、多层次角度融合偏轴拉伸模型。

（3）对偏轴拉伸非线性力学行为进行数值模拟和仿真。

通过以上研究，本书得出的主要结论有：

（1）通过系统化的研究，认为植物纤维增强复合材料的非线性主要是由植物纤维的加捻及偏轴拉伸引起的，内在的物理机理主要表现为表面捻转角变化、纤维与基体脱粘、基体开裂、纤维断裂等。

（2）在对加捻植物纤维增强复合材料的纵向拉伸力学行为研究中，采用的分段函数模型是一种唯象的理论模型，用表面捻转角这个变量来表征加捻对复合材料非线性力学行为的影响，并能给出应力、应变与表面捻转角三者的关系。

（3）本书建立的基于单参数的植物纤维增强复合材料无捻偏轴拉伸力学行为模型，是在剥离表面捻转角影响的情况下进行的，在 0° 拉伸时可与加捻的情况进行对比，对比结果即显示出加捻对复合材料非线性的明显影响，模型结果与试验结果总体吻合较好。

（4）首次提出了融合微纤丝角、表面捻转角、偏轴拉伸角三种角度的偏轴拉伸模型，由于变量较多，实际应用时要根据实际情况进行建模，以方便约简和计算，本书算例中给出的基于反正弦双曲标量函数关系模型，仿真效果良好。

（5）将 ABAQUS 的有限元数值模拟应用在植物纤维增强复合材料的偏轴拉伸研究中，采用混合模拟技术，能高效地得到偏轴拉伸的模拟结果，同时对比了 UMAT 仿真与 ABAQUS 模块仿真结果及试验结果，结论是利用 UMAT 仿真得到的结果与试验结果更加吻合，体现了在非线性仿真过程中，自主编程的灵活性和准确性。

6.2 创新点

本书的主要创新点如下:

(1)针对单纯由加捻引起的纵向拉伸非线性力学行为,提出了一种基于分段函数的唯象关系模型,引入了表征加捻影响的表面捻转角参数,较好地表示了应力、应变和表面捻转角三者之间的关系。

(2)以宏观和细观结合的思路,融合微纤丝角 α、表面捻转角 β、偏轴拉伸角 γ 三种角度,综合考虑在不同层次、不同影响程度下的复合材料偏轴拉伸非线性力学行为,构建多自变量的应力—应变关系函数。

6.3 展望

本书的研究取得了一定的结果或结论,但还是有值得展望的工作可以完成。

1. 试验方面

制备植物纤维增强复合材料时,采用更多不同的加捻纤维束捻度、直径、纤维体积分数等,将对复合材料非线性力学行为产生不同的影响,因此今后可分别进行变量控制,探究每个变量与非线性力学行为的关系。

2. 建模方面

加捻植物纤维增强热固性树脂复合材料的分段函数模型是建立在试验基础上,进行理想化后得出的,其精确度还有待提高或者需要多次论证;单参数植物纤维增强复合材料无捻偏轴拉伸力学行为模型,在选取单参数 a_{66} 时,需要多次尝试取值，有一定的误差存在，今后可以考虑如何减小误差；多层次角度融合的偏轴拉伸模型由于模型仅仿真初始拉伸阶段，故其标量函数也可以更换为其他函数，如反正弦双曲函数、反正切函数等，在这方面可以拓展研究。

3. 数值模拟方面

本书由于仿真的算例相对简单，几何建模时未考虑加捻的结构特征，有限元本构模型也忽略了平面应力状态对损伤、非弹性应变和强度的影响，因此后续的模拟工作可以围绕这些方面展开。

总的来说，本书研究的出发点紧紧抓住植物纤维及其作为增强材料时通常需要加捻这一工艺特征，并围绕初始拉伸即出现非线性这一力学行为，重点研究的是在小变形情况下的拉伸（包括纵向和偏轴拉伸），这为后续研究大变形情况下或复杂载荷情况下（如双向拉伸、加卸载、弯曲、剪切等）植物纤维增强复合材料的复杂力学行为奠定了一定基础。本书对植物纤维增强复合材料的非线性力学行为进行了有益的探索，这也是本书研究的意义所在。

参 考 文 献

[1] Li Y，Mai Y W，L Ye. Sisal fibre and its composites：a review of recent developments[J]. Composites Science and Technology，2000，60（11）：2037-2055.

[2] 杨宜谦，马和中，王俊奎. 层合纤维增强复合材料非线性弹性本构关系研究进展[J]. 玻璃钢/复合材料，1998，2：13-15.

[3] Bogoeva-Gaceva G，Avella M，Malinconico M，et al. Natural fiber eco-composites[J]. Polymer Composites，2007，28（1）：98-107.

[4] Renneckar K，Johnson R K，Zink-Sharp A，et al. Fiber modification by steam-explosion：13C NMR and dynamic mechanical analysis studies of co-refined wood and polypropylene[J]. Composite Interfaces，2005，12（6）：559-580.

[5] Bledzki A K，ReihmaneGassan S J. Properties and modification methods for vegetable fibers for natural fiber composites[J]. Journal of Applied Polymer Science，1996，59：1329-1336.

[6] Bachtiar D，Sapuan S M，Hamdanmm. The effect of alkaline treatment on tensile properties of sugar palm fiber reinforced epoxy composites[J]. Materials Design，2008，29：1285-1290.

[7] Pickering K L，Abdalla A，Ji C，et al. The effect of silane coupling agents on radiata pine fiber for use in thermoplastic matrix composites[J]. Composites Part A：Applied Science and Manufacturing，2003，34：915-926.

[8] 胡敏，胡圣飞，张冲，等. 木塑复合材料界面改性研究进展[J]. 化工时刊，2009，23（8）：47-51.

[9] 徐山青. 硅烷处理对 Henequen 纤维/PHBV 树脂可生物降解复合材料界面粘结性能的影响

[J]. 中国麻业，2002，24（6）：33-35.

[10] Colom X，Carrasco P，Pages P，et al. Effects of different treatments on the interface of hdpe/lignocellulosic fiber composites[J]. Composites Science and Technology，2003，63：161-169.

[11] 唐建国，胡克鳌. 天然植物纤维的改性与树脂基复合材料[J]. 高分子通报，1998，2：56-62.

[12] Singh B，Verma A，Gupta M. Studies on adsorptive interaction between natural fiber and coupling agents[J]. Journal of Applied Polymer Science，1998，70：1847-1858.

[13] 张鑫，刘岩. 木质纤维素原料预处理技术的研究进展[J]. 节能与环保，2005，3：18-20.

[14] 王广峰，王泓. 天然纤维增强复合材料[J]. 天津纺织科技，2002，4：33-34.

[15] http://baike. baidu. com.

[16] Hahn S，Tsai H T. Nonlinear elastic behavior of unidirectional composite lamina[J]. Journal of Composite Materials，1973，7：102-118.

[17] 夏源明，杨报昌，徐祯. 单向复合材料板的非线性本构关系[J]. 复合材料学报，1986，4：44-49.

[18] Sun C T，Chen J L. A simple flow rule for characterizing nonlinear behavior of fiber composites[J]. Journal of Composite Material，1989，23：1009-1020.

[19] Yokozeki，T，Ogihara S，Yoshida S，et al. Simple constitutive model for nonlinear response of fiber-reinforced composites with loading-directional dependence[J]. Composites Science and Technology，2007，67（1）：111-118.

[20] Madsen B，Hoffmeyer P，Lilholt H. Hemp yarn reinforced composites-II. Tensile properties[J]. Composites Part A，2007，38（10）：2204-2215.

[21] Shah Darshil U，Schubel Peter J，Clifford Mike J，et al. The tensile behavior of off-axis loaded plant fiber composites：An insight on the nonlinear stress-strain response[J]. Polymer Composites，2012，33（9）：1494-1504.

[22] Yoshida K，Kurose T，Nakamura R，et al. Effect of yarn structure on mechanical properties of natural fiber twisted yarns and green composites reinforced with the twisted yarn[J]. Journal of the Society of Materials Science，2012，61（2）：111-118.

[23] 王春敏. 纤维束本构方程的研究[J]. 纺织学报，2006，27（3）：1-3.

[24] Joshi S V，Drzal L T，Mohanty A K，et al. Are natural fibercomposites environmentally superior

to glass fiber reinforcedcomposites[J]. Composites Part A，2004，35：37.

[25] Shah D U，Schubel P J，Clifford M J，et al. Mechanicalcharacterization of vacuum infused thermoset matrixcomposites reinforced with aligned hydroxyethylcellulosesized plant bast fiber yarns[C]. In: 4th InternationalConference on Sustainable Materials. Polymers and Composites，2011，6.

[26] Goutianos S，et al. Development of flax fiber based textilereinforcements for composite applications[J]. Applied Composite Materials，2006，13：199-215.

[27] Zhang L，Miao M. Commingled natural fibre/polypropylene wrap spun yarns for structured thermoplastic composites[J]. Composite Science and Technology，2010，70：130-135.

[28] Ma H，Li Y，Luo Y. The effect of fiber twist on themechanical properties natural fiber reinforced composites[C]. In 18th International Conference on CompositeMaterials，Jeju，South Korea，2011.

[29] Goutianos S，Peijs T. The optimisation of flax fibreyarns for the development of high-performance naturalfibrecomposites[J]. Advanced Composite Letters，2003，12：237-241.

[30] Baets J，Plastria D，Ivens J，et al. Determination ofthe Optimal Flax Fibre Preparation for Use in UD-epoxyComposites[C]. In 4th International Conference on SustainableMaterials，Polymers and Composites，2011.

[31] Ma H，Li Y，Wang D. Investigations of fiber twist on themechanical properties of sisal fiberyarns and their composites[J]. Journal of Reinforced Plastics and Composites，2014，33：687-696.

[32] Shah D U，Schubel P J，Clifford M J. Modelling theeffect of yarn twist on the tensile strength of unidirectionalplant fiber yarn composites[J]. Journal of Composite Materials，2013，47：425-436.

[33] Rao Y，Farris R J. A modeling and experimental study of the influence of twist on the mechanical properties of high-performance fiber yarns[J]. J Appl Polymer Sci，2000，77：1938-1949.

[34] Shah D U，Schubel P J，Licence P，et al. Hydroxyethyl cellulose surface treatment of naturalfibers：the new'twist'in yarn preparation and optimizationfor composites applicability[J]. Journal of Material Science，2012，47：2700-2711.

[35] Shah D U, Schubel P J, Licence P, et al. Determiningthe minimum, critical and maximum fiber content fortwisted yarn reinforced plant fiber composites[J]. Composites Science & Technology, 2012, 72（15）: 1909-1917.

[36] Hearle J W S, Grosberg P, Backer S. Structural mechanicsof yarns and fabrics[M]. New York: Wiley-Interscience, 1969, 1: 180.

[37] Gegauff G. Force et elasticite des files en cotton[J]. BulletinDe La SocieteIndustrielle De Mulhouse, 1907, 77: 153.

[38] Pan N. Development of a constitutive theory for shortfiber yarns: mechanics of staple yarn without slippageeffect[J]. Textile Research, 1992, 62: 749-765.

[39] Sun C T, Feng W H, Koh S L. A theory for physically nonlinear elastic fiber-reinforced composites[J]. International Journal of Engineering Science, 1974, 12（11）: 919-935.

[40] Summerscales J, et al. A review of bast fibers and theircomposites[J]. Part 2-Composites.Composites Part A: Applied Science & Manufacturing, 2010, 41: 1336-1344.

[41] Pan N. Development of a constitutive theory for shortfiber yarns-Part III: effects of fiber orientation and bendingdeformation[J]. Textile Research Journal, 1993, 63（10）: 565-572.

[42] Ma H, Li Y, Wang D, et al. Effect of Curing Temperature on Mechanical Properties of Flax Fiber and Their Reinforced Composites[J]. Journal of Materials Engineering, 2015, 43（10）: 14-19（in Chinese）.

[43] 周祝林, 姚辉, 刘剑, 等. 复合材料非线性力学的细观分析[J]. 玻璃钢/复合材料, 2009, （01）: 10-14.

[44] 梁军, 杜善义. 粘弹性复合材料力学性能的细观研究[J]. 复合材料学报, 2000, 18: 97-100.

[45] Findley W N, Lai J S, Onaran K. Creep and relaxation of nonlinear viscoelastic materials[M]. New York: North-Holland, 1976.

[46] 蔡四维. 短纤维复合材料理论与应用[M]. 北京: 人民交通出版社, 1994.

[47] Li J, Weng G J. Effective creep behavior and complex moduli of fiber and ribbon reinforced polymer-matrix composites[J]. Composite Science and Technology, 1994, 52: 615-629.

[48] 李铁鹤. 非线性粘弹性本构理论及其求解方法的研究[D]. 湖南: 湘潭大学, 2003.

[49] Kawai M, MasukoY, Sagawa T. Off-axis tensile creep rupture of unidirectional CFRP laminates at elevated temperature[J]. Composites Part A: Applied Science & Manufacturing, 2006, 37:

257-269.

[50] Tuttle M E, Semeliss M, Wong R. The elastic and yield behavior of polyethylene tube subjected to biaxial loadings[J]. Experimental Mechanics, 1992, 32: 1-10.

[51] Kawai M, Saito S, Zhang J Q, et al. Rate-dependent off-axis compressive strength of a unidirectional carbon/epoxy laminate at high temperature[C]. In: Proceedings of 6th International Conference on Composite Materials, 1987.

[52] Chen J L, Sun C T. A plastic potential function suitable for anisotropic fiber composites[J]. Journal of Composite Materials, 1993, 27 (14): 1379-1390.

[53] Weeks C A, Sun C T. Modeling non-linear rate-dependent behavior in fiber-reinforced composites[J]. Composites Science and Technology, 1998, 58: 603-611.

[54] Macander A B, Crane R M, et al. Fabrication and mechanical properties of multi-dimensionally braided composite materials[C]. In: Whitney Composite Materials Testing and Design (7th Conference) ASTM, 1986: 422-443.

[55] 王波, 矫桂琼, 潘文革, 等. 三维编织 C/SiC 复合材料的拉压实验研究[J]. 复合材料学报, 2004, 21: 110-114.

[56] 孙慧玉, 吴长春. 纺织结构复合材料力学性能的实验研究[J]. 实验力学, 1997, 12 (3): 335-341.

[57] 卢子兴, 冯志海, 寇长河, 等. 编织复合材料拉伸力学性能的研究[J]. 复合材料学报, 1999, 16: 130-135.

[58] 庞宝君, 杜善义, 韩杰才, 等. 三维四向编织碳/环氧复合材料实验研究[J]. 复合材料学报, 1999, 16: 136-141.

[59] Ishikawa T, Matsushima M, Hayashi Y. Hardening non-linear behavior in longitudinal tension of unidirectional carbon composites[J]. Journal of Materials Science, 1985, 17(2): 4075-4083.

[60] Kawai M, et al. Modeling of tension-compression asymmetry in off-axis nonlinear rate-dependent behavior of unidirectional carbon/epoxy composites[J]. Journal of Composite Materials, 2010, 44: 75-94.

[61] Sun C T, Yoon K J. Elastic-Plastic Analysis of AS4/PEEK Composite Laminate Using a One-Parameter Plasticity Model[J]. Journal of Composite Materials, 1992, 26 (2): 293-308.

[62] Ogihara S, Reifsnider K L. Characterization of nonlinear behavior in woven composite

laminates[J]. Applied Composite Materials，2002，9：249-263.

[63] 徐焜，许希武. 三维编织复合材料渐进损伤的非线性数值分析[J]. 力学学报，2007，39（3）：398-407.

[64] Yu W R，et al. Non-orthogonal constitutive equation for woven fabric reinforced thermoplastic composites[J]. Composites Part A：Applied Science and Manufacturing，2002，33（8）：1095-1105.

[65] Xue P，Peng X，CaoJ. A non-orthogonal constitutive model for characterizing woven composites[J]. Composites Part A：Applied Science and Manufacturing，2003，34（2）：183-193.

[66] King M J，Jearanaisilawong P，Socrate S. A continuum constitutive model for the mechanical behavior of woven fabrics[J]. International Journal of Solids and Structures，2005，42（13）：3867-3896.

[67] Hasan Y，Mehmet S. Finite element analysis of thick composite beams and plates[J]. Composites Science and Technology，2001，（61）：1723-1727.

[68] Modniks J，Sprni E，Andersons J，et al. Analysis of the effect of a stress raiser on the strength of a UD flax/epoxy composite in off-axis tension[J]. Journal of Composite Materials，2014，49：1071-1080.

[69] 王红霞. 纤维增强复合材料界面力学性能的细观力学有限元分析[D]. 太原：太原科技大学，2008.

[70] 沈珉，孙晓翔，刘洋. 随机植物短纤维复合材料界面性能对有效模量和拉伸行为的影响[J]. 材料研究学报，2016，30（9）：681-689.

[71] 沈晓梅. 新型玄武岩——植物纤维增强聚丙烯复合材料的开发[D]. 天津：天津工业大学，2007.

[72] ABAQUS 6. 14 Documentation.

[73] 马燕颖. 纤维增强复合材料结构损伤的数值模拟研究[D]. 南京：南京理工大学，2016.

[74] 焦阳. 纤维增强复合材料渐进损伤的数值模拟[D]. 哈尔滨：哈尔滨工业大学，2012.

[75] 龙海如. 纬编针织物增强复合材料力学性能研究[D]. 上海：东华大学，2002.

[76] 凌道盛，徐兴. 非线性有限元及程序[M]. 浙江：浙江大学出版社，2004.

[77] Madsen B，Hoffmeyer P，Thomsen A B，et al. Hemp yarnreinforced composites-I. Yarn characteristics[J]. ComposApplSciManuf，2007，38：2194-2203.

[78] 张少实. 复合材料与粘弹性力学[M]. 北京：机械工业出版社，2007：50-90.

[79] 陈建桥. 复合材料力学概论[M]. 北京：科学出版社，2006：48-60.

[80] 沈观林. 复合材料力学[M]. 北京：清华大学出版社，1996：50-60.

[81] Evans A G，Zok F W. The physics and mechanics of fibre reinforced brittle matrix composites[J]. Journal of Materials Science，1994，29：3857-3896.

[82] Camus G，Guillaumat L，Baste S. Development of damage in a 2D woven C/Si C composite under mechanical loading：I. Mechanical characterization[J]. Composites Science and Technology，1996，56（12）：1363-1372.

[83] Tsai J，Sun C T. Constitutive model for high strain rate response of polymeric composites[J]. Composites Science Technology，2002，62：1289-1297.

[84] Salvi A G，Waas A M，Caliskan A. Specimen size effects in the off-axis compression test of unidirectional carbon fiber tow composites[J]. Composites Science Technology，2004，64：83-97.

[85] Xiao Y，Kawai M，Hatta H，et al. Development and Evaluation of the Off-Axis Test for Unidirectional Composites[J]. Journal of Materials Engineering，2009，2：434-438.

[86] Xie M，Adams D F. A plasticity model for unidirectional composite materials and its applications in modeling composites testing[J]. Composites Science and Technology，1995，1：11-21.

[87] Lin W P，Hu H T. Nonlinear Analysis of Fiber-Reinforced CompositeLaminates Subjected to Uniaxial Tensile load[J]. Journal of Composite Materials，2002，36：14-29.

[88] Placet V，Trivaudey F，Cisse O，et al. Diameter dependence of the apparent tensile modulus of hemp fibres：A morphological，structural or ultrastructural effect[J]. Composites Part A：Applied Science & Manufacturing，20：275.

[89] Bergander A，Salmen L. Cell wall properties and their effects on the mechanical properties of fibers[J]. Journal of Material Science，2002，37（1）：151.

[90] Baley C. Analysis of the flax fibres tensile behaviour and analysis of the tensile stiffness increase[J]. Composites Part A：Applied Science & Manufacturing，2002，33：939-948.

[91] Bledzki A K，Gassan J. Composites reinforced with cellulose based fibres[J]. Progress in Polymer Science，1999，24：221.

[92] McLaughlin E C, Tait R A. Fracture mechanism of plant fibres[J]. Journal of Material Science, 1980, 15（1）：89-95.

[93] Reiterer A, Lichtenegger H, Tschegg S, et al. Experimental evidence for a mechanical function of the cellulose microfibril angle in wood cell walls[J]. Philosophical Magazine A, 1999, 79（9）：2173-2184.

[94] Burgert I, Fratzl P. Plants Control the Properties and Actuation of Their Organs through the Orientation of Cellulose Fibrils in Their Cell Walls[J]. Integrative & Comparative Biology, 2009, 49（1）：69.

[95] Pickering K L. Properties and Performance of Natural-FibreComposites[M]. Boca Raton：CRC Press LLC, 2008.

[96] Lewin M. Handbook of Fiber Chemistry[M]. 3rd. Boca Raton：CRC Press LLC, 2007.

[97] Barnett J R, Bonham V A. Cellulose microfibril angle in the cell wall of wood fibres[J]. Biological Reviews, 2004, 79（2）：461.

[98] Baley C, Perrot Y, Busnel F, et al. Transverse tensile behaviour of unidirectional plies reinforced with flax fibres[J]. Materials Letters, 2006, 60（24）：2984.

[99] Weyenberg I V, Chitruong T, Vangrimde B, et al. Improving the properties of UD flax fibre reinforced composites by applying an alkaline fibretreatment[J]. Composites Part A：Applied Science & Manufacturing, 2006, 37（9）：1368-1376.

[100] Kumar P. Role of 2'-mercaptopropionylglycine（MPG）against toxicity of cyclophosphamide in normal and tumour-bearing mice[J]. Indian Journal of Experimental Biology, 1986, 24（12）：767.

[101] Ntenga R, Be´akou A, Ate´ba J A, et al. Estimation of the elastic anisotropy of sisal fibres by an inverse method[J]. Journal of Materials Science, 2008, 43（18）：6206-6213.

[102] Cichocki F R, Thomason J L. Thermoelastic anisotropy of a natural fiber[J]. Composites Science & Technology, 2002, 62（5）：669-678.

[103] Lagzdins A, Teters G, Zilaucs A. Nonlinear deformation of composites with consideration of the effect of couple-stresses[J]. Mech Compos Mater, 1998, 34：403-418.

[104] Shahzad A. Hemp fiber and its composites-a review[J]. Journal of Composite Materials, 2012, 46（8）：973-986.

[105] Darshil U S，Ranajit K N，Mike J C. Why do we observe significant differences between measured and 'back-calculated' properties of natural fibres[J]. Cellulose，2016，23：1481-1490.

[106] 王勖成. 有限单元法[M]. 北京：清华大学出版社，2003.

[107] 丁淑蓉，佟景伟，沈珉. 热塑性复合材料的弹塑性本构行为数值[J]. 上海交通大学学报，2005，39（2）：252-255.